冶金工业出版社

普通高等教育“十四五”规划教材

固体废物无害化与资源化实验教程

主　编　周　芳　余军霞　梁　欢
副主编　邓博纳　刘明霞　唐　远

北　京
冶金工业出版社
2025

内 容 提 要

本书内容共分为4章，涵盖了固体废物无害化、资源化相关的技术实验，以及实验室安全管理制度。本书是一本兼具系统性与全面性的固体废弃物实验教材，以实践应用为主，旨在深化对固废无害化与资源化技术基本原理的理解。

本书可作为环境科学、环境工程、资源循环科学与工程、资源环境科学、化学工程等专业及相关专业的实验课教学用书，也可供相关领域工程技术人员、科研人员阅读。

图书在版编目(CIP)数据

固体废物无害化与资源化实验教程 / 周芳，余军霞，梁欢主编. -- 北京 ：冶金工业出版社，2025. 5.
(普通高等教育“十四五”规划教材). -- ISBN 978-7-5240-0194-2

Ⅰ. X705-33

中国国家版本馆 CIP 数据核字第 2025X8S933 号

固体废物无害化与资源化实验教程

出版发行 冶金工业出版社　　**电　　话** (010)64027926
地　　址 北京市东城区嵩祝院北巷39号　　**邮　　编** 100009
网　　址 www.mip1953.com　　**电子信箱** service@mip1953.com

责任编辑 王悦青　美术编辑 吕欣童　版式设计 郑小利
责任校对 郑　娟　责任印制 禹　蕊
北京建宏印刷有限公司印刷
2025年5月第1版，2025年5月第1次印刷
787mm×1092mm　1/16；8.75印张；213千字；134页
定价 39.00 元

投稿电话　(010)64027932　投稿信箱　tougao@cnmip.com.cn
营销中心电话　(010)64044283
冶金工业出版社天猫旗舰店　yjgycbs.tmall.com
(本书如有印装质量问题，本社营销中心负责退换)

前　言

随着我国经济的快速发展和工业化进程的不断推进，固体废弃物量日益增加，给生态环境带来了严峻的挑战。为有效应对这一问题，国家高度重视固体废物污染环境防治工作，2024 年 2 月，国务院办公厅发布《关于加快构建废弃物循环利用体系的意见》，提出以提高资源利用效率为目标，以废弃物精细管理、有效回收、高效利用为路径，到 2025 年初步建成覆盖各领域、各环节的废弃物循环利用体系。2024 年 11 月，生态环境部召开部党组会议，传达学习习近平总书记等多位国家领导人的重要讲话精神。会议指出，要积极推动资源循环利用产业高质量发展，完善进口再生资源政策，以“无废城市”为重点，加快构建废弃物循环利用体系。2024 年 12 月，中央经济工作会议明确指出 2025 年九大重点之一是“协同推进降碳减污扩绿增长，加紧经济社会发展全面绿色转型”，提出了“制定固体废物综合治理行动计划”的任务。这些都旨在推动固体废物资源化利用，促进绿色低碳循环发展，保障生态环境安全和公众健康。通过加强固体废物污染环境防治，有效减少环境污染，并为经济社会可持续发展提供有力支撑，助力实现人与自然和谐共生的美丽中国建设目标。

“固体废物无害化与资源化实验教程”是环境科学、环境工程、环境生态工程及资源循环科学与工程等专业“固体废物处理与处置”“固体废弃物无害化与资源化综合实验”等必修课程的配套实验教材。在培养环境保护、资源循环科学与工程类专业人才方面具有重要意义，对提高学生环境保护和资源可持续利用的意识起到关键作用。

本教材结合固体废物处理与处置的理论课程，以实践应用为主，旨在加强学生对固废无害化与资源化技术基本原理的理解，提高学生的实验技能。全书涵盖了实验室安全管理制度、固体废物的理化性质分析、固体废物的无害化技术及资源化技术。强调了实验室安全管理的重要性，包括基本安全知识、危险化学品和仪器设备的安全使用等。选编了包括磷石膏、有机污染土壤、废阴极炭块的无害化处理，赤泥、铜尾矿、蒙脱土的资源化处理等 28 个实验。针对每个实验力求做到原理叙述清晰、步骤简明扼要、结果处理讲解清楚。

本实验教材第一章“实验室安全管理”由梁欢副教授编写，第二章“固体废物理化性质分析实验”由余军霞教授、刘明霞副教授、邓博纳博士、张凯敏博士编写，第三章“固体废物无害化技术实验”由余军霞教授、周芳教授、刘明霞副教授、唐远副教授、邓博纳博士编写，第四章“固体废物资源化技术实验”由周芳教授、李智力副教授、梁欢副教授、唐远副教授、邓博纳博士编写，全书由周芳教授负责统稿。在本书编写过程中，研究生吴可嘉、张丹丹、张瞿天、何斐、张夏、钟义飞、李绍燕等人协助收集和整理了部分资料。

在编写过程中，参考了同行业人员的科研经验，借鉴引用了大量专家学者的相关文献，在此一并表达诚挚的感谢。由于编者水平有限，书中若有疏漏和不妥之处，恳请广大读者批评指正。

周　芳

2025 年 2 月

目　录

第一章　实验室安全管理

实验室是高等院校从事科学研究、实验教学、创新人才培养的重要场所，实验室安全是高校教学与科研工作顺利进行的重要保障。固体废物无害化与资源化实验是一门综合性、实践性很强的课程，涉及实验众多，实验室包含多种危险化学品和各类电气设备使用，涉及高温、高压、真空、磁场等危险因素。因此，实验室安全问题不容忽视，实验室安全教育与安全管理势在必行。

第一节　实验室安全管理的目的与意义

（1）保护实验室人员安全：实验室可能存在各种潜在的危险，如化学品泄漏、火灾、爆炸、放射性材料等。通过安全管理措施可以降低这些危险对实验室人员的威胁，保证他们的安全。

（2）保护环境和公共安全：实验室中的某些实验材料或废弃物可能对环境和公共安全构成威胁，如有害物质的泄漏、排放等。实验室安全管理可以预防这些风险，确保实验室环境安全，减少对社会的不良影响。

（3）保障实验结果的准确性：实验室的安全管理规范和操作流程可以确保实验操作的正确性和准确性，避免实验过程中发生错误或事故，导致实验结果不可靠。

（4）提高实验室效率和生产力：实验室安全管理规范的制定和执行可以提高实验室运作的效率和生产力。健全的安全管理制度和培训计划可以帮助实验室人员熟悉并遵守安全操作规程，减少操作时间，提高工作效率。

（5）遵守法律法规和道德要求：实验室安全管理需要遵守国家和地区的法律法规和道德要求。遵守这些法规和要求，不仅是对实验室员工的保护，也是实验室及相关机构合法运营的必要条件。

第二节　实验室基本安全要求及防护措施

一、实验室基本安全要求

为加强实验室的安全管理，保障师生、员工人身与财产安全，维护教学、科研等工作的正常秩序，应遵循以下规定：

（1）严格遵守《中华人民共和国安全生产法》《中华人民共和国消防法》《生产安全事故报告和调查处理条例》《高等学校实验室安全规范》等法律法规。

（2）实验室是指全校范围内开展教学、科研工作的各类实验场所，包括教学实验室、科研实验室及其他各类实验室等。

（3）实验室管理人员是实验室安全工作的直接责任人，实验室管理人员根据学校的实验室安全工作计划开展实验室的安全管理工作，确保实验室安全措施逐级落实到位；规范一般化学品、剧毒化学品、易制毒化学品、易制爆化学品等储存和使用及实验室废弃物的收集转运；规范各种实验室仪器及特种设备的使用；根据实验危险情况，对本实验室内工作人员和学生进行实验室教育和培训，对临时来访人员进行安全教育；保证本实验室必要安全设施的建设；对实验室安全进行每日一查，及时消除安全隐患；制止有碍安全的操作，纠正安全违章行为。

（4）实验人员应树立“安全第一”的责任意识，依章守规地开展实验活动，杜绝违规操作，自觉遵守实验室安全纪律。实验室内严禁留宿、带小孩或与实验无关人员进入实验室；严禁实验过程中脱岗；严禁实验过程中不按要求穿戴个人防护装备；严禁穿拖鞋或衣冠不整进入实验室；严禁在实验室及附近区域吸烟、烹饪、饮食；严禁在实验冰箱内存放食材；严禁私自违规购买、使用危险化学品；严禁违规丢弃（倾倒）危险废物；严禁毁损、乱标或不标危险品标签和乱摆乱放化学试剂与耗材；严禁危险实验不征得导师批准或私自在他人实验室操作；严禁违反实验规程野蛮操作。

（5）实验室确因需要使用剧毒品、易制毒品、易制爆品等危险化学品及放射性物品时，要严格按照相关规定报学校职能部门及公安部门等政府相关部门审批并凭证向具有经营许可资质的单位购买，不得私自从外单位获取。使用危险化学品、放射性物品的单位要认真贯彻国家《危险化学品安全管理条例》（国务院令第 591 号）、《放射性同位素与射线装置放射安全和防护条例》（国务院令第 449 号）和上级部门及学校的有关规定，建立严格的危险化学品和放射性物品管理制度，要建立账目，做到账物相符。对危险化学品及放射性物品使用人员要进行相应的安全培训，培训合格后方可上岗。对剧毒品、易制毒品及放射性物品的使用及管理采取“五双制度”（双人保管、双人双锁、双人收发、双人领退、双人使用）。使用剧毒品、易制毒品、放射性同位素时，应按需申领，实验剩余当日清退，严禁存放、带离实验室，严禁私自销毁、丢弃或借予他人。

（6）实验结束前整理好实验台、各种器材、工具、资料，切断电源，熄灭火源，关好门窗和水龙头，对易燃物品、纸屑等杂物，必须清扫干净，消除隐患。实验废弃物不得未经处理任意排放、丢弃，要严格按照学校和环保局的要求分类收集、妥善储存并做好废弃物相关的台账。化学废弃物应遵循兼容相存的原则，盛装化学废弃物的容器要密闭可靠，不要破碎泄漏。

（7）实验室要根据仪器设备的性能要求做好防火、防潮、隔热、防冻、防尘、防振、防磁、防腐蚀、防辐射等技术措施。加强仪器设备操作人员的业务与安全培训，制定和严格执行仪器设备特别是高精仪器设备、高速运转设备、高温高压设备、超低温及其他特种实验设备（锅炉、压力容器、起重机械、电梯等）的操作规程，落实相应的防护措施。对有故障的仪器设备要及时检修，仪器设备的维护保养和检修等要有记录。对精密仪器、大功率仪器设备、使用强电的仪器设备要定期检查线路，采取必要的安全防范措施。对服役时间较长及具有潜在安全隐患的仪器设备应及时报废，消除隐患。特种设备应按规定办理登记手续，通过有资质单位检定，证书在有效期内，并有定期检验维护记录。操作人员需持证上岗。

（8）实验室内固定电源的安装、拆除、改线必须由专业人员实施，水、电安装应符合规范。不得擅自改装、拆修电器设施，接线板不得串联使用，实验室内不得有裸露的电线头，不得乱接乱拉电线。电源开关箱周围不得堆放杂物，以免触电或燃烧。实验室大厅和走廊不得堆放报废或积压的仪器设备、实验台椅、废纸箱等杂物，不得停放自行车，切实保证大楼安全通道的畅通和环境的整洁。实验室应配备应急设施，如灭火器、灭火沙箱、防火毯、救护箱等。消防器材要放在明显和便于取用的位置，周围不得堆放杂物。实验室要严格做到“四防、五关、一查”（防火、防盗、防破坏、防灾害事故；关门、关窗、关水、关电、关气；查仪器设备）。

（9）实验室须根据潜在危险因素配置消防器材、烟雾报警、监控系统、应急喷淋、洗眼装置、危险气体报警、通风系统、防护罩、警戒隔离等安全设施，配备必要的防护用品，并加强实验室安全设施的管理工作，切实做好及时更新、维护保养和检修工作，做好相关记录，确保其完好性。各种安全设施不准借用或挪用。

（10）实验室发生安全事故时，应立即启动应急预案，采取积极有效的应急措施，防止危害扩大蔓延，同时保护好现场，及时上报。对事故瞒报、不报的单位和个人，将追究相关人员责任。对玩忽职守，违章操作，忽视安全而造成严重安全事故的，追究肇事者、主管人员和主管领导相应责任；情节严重者，要给予纪律处分，触犯法律的交由司法机关依法处理。

二、实验室基本安全防范措施

（一）眼部防护

保护眼部至关重要。为避免眼部受伤或尽可能降低眼部受伤的危害，化学实验过程中所有实验者都必须佩戴防护眼镜，以防飞溅的液体、颗粒物及碎屑等对眼部的冲击或刺激，以及毒害性气体对眼睛的伤害。普通的视力校正眼镜不能起到可靠的防护作用，实验过程中应在校正眼镜外另戴防护眼镜。不要在化学实验过程中佩戴隐形眼镜。

对于某些易溅、易爆等极易伤害眼部的高危险性实验操作，一般的防护眼镜防护能力不够，应采取佩戴面罩、在实验装置与操作者之间安装透明的防护板等更安全的防护措施。操作各种能量大、对眼睛有害的光线时，则须使用特殊眼罩来保护眼睛。

（二）手部防护

在化学实验过程中，手部是最易受到伤害的部位。手部保护的重要措施是佩戴防护手套。佩戴防护手套应注意：（1）佩戴前应仔细检查所用手套（尤其是指缝处），确保质量完好、未老化、无破损；（2）实验操作过程中若需接触日常物品（如电话机、门把手、笔等），则应脱下防护手套，以防有毒有害物质污染扩散。防护手套种类很多，以下介绍化学实验室常用的几种类型。

（1）隔热手套。此类手套用于高温环境下以防手部烫伤。如从烘箱、马弗炉中取出灼热的药品时，或从电炉上取下热的溶液时，最好佩戴隔热效果良好的隔热手套。其材质一般有厚皮革、特殊合成涂层、绒布等。

（2）低温防护手套。此类手套用于低温环境下以防手部冻伤。如接触液氮、干冰等制冷剂或冷冻药品时，需佩戴低温防护手套。

（3）化学防护手套。当实验者处理危险化学品或手部可能接触到危险化学品时，应佩戴化学防护手套。化学防护手套种类较多，实验者必须根据所需处理化学品的危险特性选择最适合的防护手套。如果选择错误，则起不到防护作用。化学防护手套常见的材质有天然橡胶、腈类、氯丁橡胶、聚氯乙烯（PVC）、聚乙烯醇（PVA）等。各种材质手套的优缺点如下：

1）天然橡胶手套具有天然弹性，使佩戴者触感良好；可抗轻度磨损；抗酸、碱、无机盐溶液性能较好。但对有机溶剂，尤其是苯、甲苯等芳香族化合物及四氢呋喃、四氯化碳、二硫化碳等的防护性较差，且易分解和老化。

2）氯丁橡胶手套对酸类（包括浓硫酸等）、碱类、酮类、酯类防护性较好，耐切割、刺穿。但耐磨性不如丁腈橡胶或天然橡胶，且对芳香族有机溶剂和卤代烃防护性很差。

3）聚氯乙烯（PVC）手套耐磨性良好；对强酸、强碱、无机盐溶液防护性良好。容易被割破或刺破；对酮类和苯、甲苯、二氯甲烷等有机溶剂防护性较差。

4）聚乙烯醇（PVA）手套较坚固，耐刺穿、磨损和切割；对脂肪族、芳香族化合物（如苯、甲苯等）、氯化溶剂（三氯甲烷等）、醚类和大部分酮类（丙酮除外）防护性良好。但遇水、乙醇会溶解，不适用于无机酸、碱、盐溶液和含乙醇的体系中。

5）腈类手套常见的有丁腈手套等。相对橡胶手套和乙烯基类手套而言，腈类手套化学防护性能较好，如对酸、碱、无机盐溶液、油、酯类及四氯化碳和氯仿等溶剂的防护性良好。但对很多酮类、苯、二氯甲烷等防护性较差。

6）防割手套主要用于接触、使用锋利物品，或组装、拆卸玻璃仪器装置时防止手部被割伤。常使用杜邦 Kevlar 材料、钢丝、织物或坚韧的合成纱材质。

7）一次性手套适用有些化学实验操作对手部伤害风险较低，而对手指触感要求高时佩戴。

（三）防护服

化学实验过程中实验者必须穿着防护服，以防躯体皮肤受到各种伤害，同时保护日常着装不受污染（若着装污染化学试剂，则会产生扩散）。普通的防护服（俗称实验服）一般都是长袖、过膝，多以棉或麻作为材料，颜色多为白色。进行一些对身体伤害较大的危险性实验操作时，必须穿着专门的防护服。例如，进行 X 射线相关操作时宜穿着铅质的 X 射线防护服。

不可穿着已污染的实验服进入办公室、会议室、食堂等公共场所。实验服应经常清洗，但不应带到普通洗衣店或家中洗涤。

此外，身体其他部位（如脸部、脚部、头部等）的防护也很重要。因此，实验者不得在实验室穿拖鞋、短裤，应穿不露脚面的鞋和长裤；实验过程中长发应束起。

（四）通风柜（橱）

为了防止直接吸入有毒有害气体、蒸气或微粒，所有涉及挥发性有毒有害物质（含刺激性物质）或毒性不明的化学物质的实验操作都必须在通风柜中进行。这样既可避免实验者受到伤害，也可防止污染周围环境，保障楼内人员的健康。

为了保障排风不受阻碍，一般情况下通风柜内不应放置大件设备，不可堆放试剂或其他杂物。只放当前使用的物品，而且危险化学品及玻璃仪器不宜离柜门太近。

开启通风柜前，应打开进风通道（门、窗等）。如果在开启风机的情况下关闭门窗或其他补风系统，将只会对室内造成较大负压，但实际空气流量却很小。这样非但不能将有害气体从室内排出，反而会将下水道内污浊空气抽入室内，造成新的污染。

进行化学实验操作过程中不可将头伸进通风柜。为了保持足够的风速将有毒有害气体排走，应尽量使柜门放低。

第三节　化学品及仪器设备安全使用

一、化学试剂的安全操作

进行化学实验操作最基本的原则是，将一切化学品先视为具有潜在的危害，尤其是对于新的、尚不熟悉的物质，使用时或进行化学反应的过程中应尽可能减少口鼻吸入和皮肤接触。使用化学试剂时需注意以下具体操作：

（1）使用危险化学品时应佩戴防护手套。

（2）不可品尝化学试剂。不要直接俯向容器口去嗅化学试剂的气味，而应保持适当距离，摆动手掌将少许气味引向鼻孔。不要闻未知毒性的试剂。

（3）不要用嘴来吸移液管或填充虹吸管，而应使用吸耳球或抽气机。

（4）低沸点的液体（如乙醚、丙酮、四氯化碳等），容器内不可盛得过满，不可置于日晒或高温处。开启这类容器时勿将瓶口正对人身。

（5）装有化学试剂的容器必须立即贴好标签（包括试剂名称、纯度、相对分子质量、密度等），使用时应仔细阅读标签。

（6）量取化学试剂时，若遗洒在实验台面和地面，须及时清理干净。

二、玻璃器皿的安全操作

玻璃器皿是化学实验室的常用仪器。如果使用不当，也会造成意外伤害。具体的安全操作要求如下：

（1）使用玻璃器皿前应仔细检查是否有裂纹或破损。如有，则应及时更换完好无损的备件。使用时应轻拿轻放以防打碎。

（2）将玻璃管插入橡胶塞或在玻璃管上套橡胶管时应注意防护，插管时可戴手套或垫毛巾包着玻璃管进行操作（握管的手要靠近橡胶塞）。橡胶塞打孔过小时不可强行插入玻璃管或温度计，应涂些润滑剂或重新打孔。

（3）截断玻璃管操作：先用锉刀的棱用力锉出一道与玻璃管相垂直的锉痕（注意：不能将锉刀来回反复锉动），再在锉痕上沾点水，两手握管，两个拇指尖靠在一起抵住锉痕背面，用弯折和拉力使玻璃管从锉痕处折断。然后在氧化焰中将玻璃管锋利的截面熔烧圆滑，熔烧时缓慢地转动玻璃管，使熔烧均匀。灼烧后的玻璃管放在瓷砖或搪瓷盘中冷却待用。

（4）进行试管加热时，勿使管口朝向自己或他人，以防溶液溅出伤人。

（5）量筒、试剂瓶、培养皿等玻璃制品不可在火上或电炉上加热。不应在试剂瓶或量筒中稀释浓硫酸或溶解固体试剂。

（6）灼热的器皿放入保干器时不可马上盖严，应暂留小缝适当放气。挪动保干器时应双手操作，并用两手的大拇指按紧盖子，以防滑落而打碎。

（7）操作真空或密封的玻璃仪器时应格外小心。

三、天然气灯的安全操作

天然气灯是化学实验室常用的加热器具，加热效率较高。天然气主要成分是甲烷，甲烷属于易燃易爆气体，因此在使用天然气灯时要特别小心。安全操作要求如下：

（1）点燃天然气灯时，应先点着火柴再拧开燃气阀门，且头部和手臂切勿在灯的上方。

（2）天然气灯应远离试剂架及其他不耐热物件。

（3）在天然气灯使用过程中，实验者不可离开实验室。

（4）在天然气灯使用过程中要防止被风刮灭（最好使用防风套管），用后须随手关闭阀门。

（5）在天然气灯使用中应保持蓝色火焰。黄色火焰通常是燃烧不充分，不但会熏黑器皿，还会产生一氧化碳。

（6）及时更换已老化的橡胶管，防止天然气泄漏。

四、典型实验过程中的安全操作

化学实验过程中往往涉及玻璃仪器组装、试剂移取、加热或冷却、温度和压力控制等多个环节，危险因素较多。安全操作要求如下：

（1）蒸馏和回流实验中往往用自来水或循环水进行冷却，连接管路的橡胶管必须接牢，而且应时常检查是否老化或容易脱落。一旦脱开不仅造成跑水，还可能因停止冷却而发生事故。

（2）进行蒸馏或回流操作时，务必防止形成封闭体系，否则容易发生爆炸事故。

（3）不同的溶剂体系应采用不同的加热方式。例如，沸点在 80 ℃以下的乙醚、二硫化碳、丙酮、石油醚、乙醇、氯仿等溶剂宜用水浴加热，而且只能从冷水开始加热；沸点在 80 ℃以上的液体可采用可调温度的电热套、油浴等加热。加热低沸点易燃溶剂应避免明火，加热设备应远离易燃物。禁止使用敞口容器加热有机溶剂。

（4）加热过程须防止局部过热和暴沸。在蒸馏和回流溶液时应先加入沸石或搅拌磁子，再开始加热。不能向热溶液中补加沸石或搅拌磁子。

（5）进行易燃溶液热过滤时，倾倒溶液前应关闭加热器。

（6）稀释浓硫酸时应一边搅拌一边将酸缓缓倒入水中。切不可将水倒入浓硫酸中，以防稀释时产生的大量热量使液体溅出伤人。

（7）不可随意徒手拿取灼热的器皿，以防烫伤或损坏器皿。应选择合适方法拿取，如使用专用夹子、钳子或佩戴手套等。

（8）实验过程中，操作者不可长时间离开。暂时离开应委托他人照看，以防发生意外事故。

五、压力容器的安全使用

使用压力容器进行高压实验，要注意以下几点：

（1）压力容器操作人员必须经过严格培训，掌握压力容器方面的基本知识。

（2）压力容器实验最好在有防护措施（防护板或防护墙、防护面具、防护手套等）

的专门实验室进行。

（3）要遵守安全操作规程，熟记本岗位的工艺流程，掌握本岗位压力容器操作顺序、方法及对一般故障的排除技能；并做到认真、如实地填写操作运行记录，加强对容器和设备的巡回检查和维护保养。

（4）压力容器操作人员应了解生产流程中各种介质的物理性能和化学性质，了解它们之间可能引起的物理、化学变化，以便发生意外时能做到判断准确，处理正确及时。

（5）避免由于错误操作造成超温超压，这往往是压力容器事故的主要原因。

（6）压力容器应做到平衡操作，加压卸压、加热冷却都应缓慢进行，要减少振动或移动。

（7）实验过程中如发现泄漏现象，一定要正确处理，不要在工作状态下拆卸螺栓或压盖等。因为容器内部压力高于外部压力，一旦这样做，就会导致严重事故。

六、气瓶的安全使用

（1）气瓶应直立固定。禁止暴晒，远离火源（一般规定距明火热源 10 m 以上）或其他高温热源。

（2）禁止敲击、碰撞。

（3）开阀时要慢慢开启，防止升压过速产生高温。放气时人应站在出气口的侧面。开阀后观察减压阀高压端压力表指针动作，待至适当压力后再缓缓开启减压阀，直到低压端压力表指针到需要压力时为止。

（4）气瓶用毕关阀，应用手旋紧，不得用工具硬扳，以防损坏瓶阀。

（5）气瓶必须专瓶使用，不得擅自改装，应保持气瓶漆色完整、清晰。

（6）每种气瓶都要有专用的减压阀，氧气和可燃气体的减压阀不能互用。瓶阀或减压阀泄漏时不得继续使用。

（7）瓶内气体不得用尽，一般应保持有 196 kPa 以上压力的余气，以备充气单位检验取样和防止其他气体倒灌。

（8）瓶阀冻结时、液化气体气瓶在冬天或瓶内压力降低时，出气缓慢，可用热水加温瓶阀或瓶身，禁止用明火烘烤。

（9）在高压气体进入反应装置前应有缓冲器，不得直接与反应器相接，以免冲料或倒灌。高压系统的所有管路必须完好不漏，连接牢固。

（10）气瓶及其他附件禁止沾染油脂，如手或手套及工具上沾染油脂时不得操作氧气瓶。

（11）用可燃性气体（如氢气、乙炔）时一定要有防止回火的装置。有的气表（缓冲器）中就有此装置。也可以用玻璃管中塞细铜丝网安装在导管中间防止回火。管路中加安全瓶（瓶中盛水等）也可起到保护作用。

（12）检查气瓶有无漏气，主要方法为：

1）一般可用肥皂液检漏，如有气泡发生，则说明有漏气现象。但氧气瓶不能用肥皂液检漏，这是因为氧气容易与有机物质反应而发生危险。

2）用软管套在气瓶出气嘴上，另一端接气球，如气球膨胀，说明有漏气。

3）液氯气瓶，可用棉花蘸氨水接近气瓶出气嘴，如发生白烟，说明有漏气。

4）液氨气瓶，可用湿润的红色石蕊试纸接近气瓶出气嘴，如试纸由红变蓝，说明气瓶漏气。

（13）一旦气瓶漏气，除非有丰富的维修经验能确保人身安全，否则不能擅自检修。可采取一些基本措施：首先应关紧阀门；然后打开窗户通风，并迅速请有经验或专业人员检修。如危险性大的气体钢瓶漏气，则应转移到室外阴凉、安全地带；如发生易燃、易爆气瓶漏气，请注意附近不要有明火，不要开灯。

七、电离辐射防护原则

为了达到辐射防护的目的，要遵守辐射防护的基本原则，即辐射防护最优化原则：使用放射性物质或接受的照射量，应处于可以达到的，而且是合理的尽可能低的水平。最优化原则又称为 ALARA（As Low As Reasonably Achievable）原则。在放射实践活动中，首先要权衡实践带来的利益与相关人员付出的健康损害的代价、环境破坏的代价之间的利弊，选择合适、合理的防护方法，用最小的代价获取最大的净利益。最优化原则具体包括 3 条，又称为辐射防护三原则。

（1）辐射实践的正当性。任何伴随有辐射危害的实践，都要进行代价与利益的分析。只有当社会和个人从中获得的利益超过所付出的代价（包括防护费用的代价和健康损害的代价）时，才能进行该项实践，这称为辐射实践的正当性，又称为合理化判断。

（2）辐射防护的最优化。只要一项实践被判断为正当的，并已给予采纳，就需要考虑如何最好地使用资源来降低对个人与公众的辐射危害。辐射防护的最优化就是在考虑了经济和社会因素后，保证个人辐射剂量的大小、受照人数及不一定受到但可能遭受的照射，全部保持在可以合理做到的尽量低的水平。

（3）个人剂量限值。在实施上述两项原则时，要同时保证个人所受辐射的当量剂量不超过规定的相应限值。也就是隐含着，把职业性照射 20 mSv/a 和公众的 1 mSv/a 的限值作为最优化的剂量约束值。

以上三原则构成一体，不可分割。

八、放射化学实验室的管理

严格实验室管理是实验室安全的重要保障。错误的操作程序、拥挤混乱的工作区及邋遢的工作习惯都可能发生放射性污染和事故。为有效地保障安全，实验者应做到以下几点：

（1）认真遵守实验步骤。放射性核素的使用必须经过申请批准，经许可使用。违反实验步骤的做法是危险的。

（2）保持工作区的整洁。拥挤混乱的工作环境会妨碍小心仔细地操作放射性物质。

（3）使用实验用专用吸水纸铺垫实验区，防止放射性溶液意外溅洒。实验台、通风柜台面、样品盘、废物区及地面等放射性工作区都应使用吸水纸。

（4）操作易发生溅洒的放射性样品时，应采取二次收集方案。可用托盘或手套箱等方法收集溅洒物，并预防容器破裂。

（5）移动、加热、离心或搅拌放射性样品时，其容器要加盖或密封。防止发生溢出、蒸发、产生气体和容器破裂等情况。

（6）使用手推车转移放射性样品时，应防止掉落和倾覆事故的发生。
（7）标记所有使用、存放和处理过放射性样品的物品和区域。
（8）实验结束后应及时清理和检测工作区。如发现放射性污染，应及时做去污处理。

第四节　实验室废物处理

一、废液处理

目前我国化学实验室产生的废液类型更加多样，因此化学实验室在处理过程中需要根据废液所含的成分合理制定处理方案。对含铅、含镉的废液，实验室需使用石灰乳进行调节，石灰乳可以与铅、镉进行反应，生成沉淀物，再加入硫酸亚铁进行二次处理，使沉淀物与有机物全面结合，将液体 pH 值控制到 9 以下，待液体完全清澈以后再进行排放。对含铬废液，实验室需使用铁粉、硫酸亚铁等物质进行还原处理，再加入氢氧化钠、石灰等物质调节废液的 pH 值，使其毒性物质沉淀，之后进行分离处理，同样需保证废液完全清澈后才能排放。此外，实验室需进行沉淀物绿化处理，可采取干燥、焚烧等措施，避免其排放后影响生态平衡。对含砷废液，实验室可以使用氯化钙、消石灰进行处理，二者能与有毒物质结合，产生沉淀物，之后再加入氯化铁，使废液的 pH 值控制在 8~9。对含氰废液，实验室需根据废液的氰含量进行处理，如果其氰含量过低，可以使用氢氧化钠使废液 pH 值超过 10，再加入高锰酸钾分解含氰物质；如果其氰含量过高，则需要先使用碱性物质使废液 pH 值超过 10，再加入氯化钠或者小白粉搅拌，生成二氧化碳，放置一天后再排放。

二、废气处理

化学实验室产生废气的原因较多，无论是试剂挥发还是泄漏，都会出现各种各样的废气。废气中含有甲醛等多种有毒物质，会严重危害操作人员的生命健康，且由于废气中的酸性物质较多，如果没处理好还会导致周围环境的空气质量下降。通常情况下，实验人员可以使用相应的设备进行废气处理，例如，通风设备可以控制空气中的有毒有害物质含量，避免废气中有毒有害物质含量过多，降低污染程度，改善废气处理效果。需要注意的是，实验室在使用通风设备时还要优化管道设计，适当增加管道长度，这样能提高废气稀释率。如果实验室使用了通风橱，鉴于通风橱会直接将气体排放到室外，因此实验室还需要做好废气净化工作。废气含有的有毒物质不同，因此处理方式也不同。例如，实验室处理氨气这类碱性气体时，需要使用酸性物质来进行中和，可以通过导管使硫酸、盐酸和硝酸等酸性物质与氨气结合，形成铵盐，全面去除废气中的有毒物质。而对氯气等气体，实验室需要先使用硫酸亚铁胺将其转化为酸性物质，再使用碱性物质进行二次处理，或者直接通过燃烧炉进行处理，即将废气导入燃烧炉进行充分燃烧，使废气中的物质转化为水和二氧化氮。此外，工作人员要做好硬件配置工作，及时淘汰落后设备，引入先进设备，工作人员还可以在通风橱中配备相应系统，进而全面提高废气处理质量与效率。

三、废渣处理

化学实验室的废渣主要以固体废渣为主，包括废纸屑、玻璃仪器、药品瓶、实验药品及副产品等。废渣成分较为复杂，其含有的化学污染物质也较多，毒性较强，如果化学实验室没有做好废渣处理工作，就会导致污染物逐渐积累，进而影响生态环境。含汞废弃物是常见的一种废渣，实验人员打碎压力计、温度计等仪器或者没有按规范进行操作都会导致汞暴露在空气中，进而与空气中的一些成分发生反应，危害实验人员人身安全，需要立即进行处理。实验人员可以使用滴管、毛刷等专业工具或者经酸化处理的铜片、铜丝收集含汞废弃物，并用水覆盖。当汞洒落到地面时，处理难度会更大，实验人员可在洒落区域撒上硫黄粉，使其通过化学反应转化为硫化汞等毒性较小的新物质。此外工作人员也可以向洒落区域喷上经过酸化处理的高锰酸钾溶液（每升高锰酸钾溶液中加 5 mL 浓盐酸）或者三氯化铁水溶液来去除汞。三氯化铁的去汞能力较强，能将汞转化为不溶性化合物，但金属器件不能用三氯化铁水溶液除汞，因为金属易受该种溶液的腐蚀。

第五节　实验室安全事故的应急处理

一、食入中毒的现场应急处理

（1）催吐。对于神志清醒且食入的为非腐蚀品和非烃类液体的中毒者，一般可采取催吐方法。即用手指、筷子或棉棒刺激中毒者软腭、舌根或喉头，使其呕吐，也可服用吐根糖浆等催吐剂。催吐时中毒者应尽量低头，身体向前弯曲或侧卧，以免呕吐物呛入肺部。中毒者处于昏迷、神志不清等状态下，非专业医务人员不可随便进行处理，更不能催吐。

（2）服用保护剂。当中毒者症状不适宜进行催吐处理时，如食入酸、碱之类腐蚀品或烃类液体，可服牛奶、植物油、米汤、蛋清、豆浆等保护剂，延缓毒物被人体吸收的速度并保护胃黏膜。

（3）服用活性炭。化学实验室经常使用的活性炭是一种强有力的非特异性吸附解毒剂，可吸附绝大部分毒物。成人一般使用 25～100 g，服用前可加入少量蒸馏水充分摇动润湿。

二、吸入中毒的现场应急处理

让中毒者迅速脱离现场，向上风向转移至空气新鲜处。松开中毒者身上妨碍呼吸的衣物，保持呼吸道通畅并注意保暖。若中毒者呼吸困难，要及时给氧；呼吸、心跳停止，立即进行心肺复苏。

三、皮肤接触的现场应急处理

立即脱去被污染衣物，用大量流动清水（如使用紧急喷淋器或自来水管）彻底冲洗。若毒物与水能发生作用，如浓硫酸等，则先用干布或毛巾擦去毒物，再用水冲洗。冲洗时忌用热水，以免增加毒物吸收。

四、眼睛接触的现场应急处理

立即提起眼睑，用大量流动清水（如使用洗眼器）彻底冲洗。若毒物与水能发生作用，如生石灰、电石等，则先用沾有植物油的棉签或干毛巾擦去毒物，再用水冲洗。冲洗时忌用热水，以免增加毒物吸收。

五、触电事故的应急处理

触电事故有两个特点：一是无法预兆，瞬间即可发生；二是危险性大，致死率高。一旦发生触电事故，千万不要慌乱，一定要冷静、正确处理。应急处理的基本原则是动作迅速和方法得当。具体步骤如下：

（1）迅速脱离电源。人体触电后，很可能由于痉挛或昏迷紧紧握住带电体，不能自拔。此时，应急处理的第一步是以最快的速度让触电者脱离电源。对于如触电者心脏骤停，应立即对其进行心肺复苏。

脱离低压电源的方法如下：

1）拉闸断电。如果电闸在事故现场附近，应立即拉开电闸，断开电源。

2）切断电源线。如果电闸不在事故现场附近，应立即用电工钳子或斧子逐相切断电源线。

3）如果带电体或电线被触电者压在身下，可用干燥的手套、绳索、木棍等拉开触电者，使之脱离电源。

在使触电者脱离电源时应注意以下几点：

1）救助者不能用金属或潮湿的物品作为救护工具。

2）未采取绝缘措施前，救助者不能接触触电者皮肤和潮湿的衣服。在拉拽触电者脱离电源时，救助者单手操作比较安全。

3）如果触电者处于高位，要考虑触电者由高位坠地时的防护措施。

（2）脱离高压电源的方法。高压电源极其危险，事故发生后，应立即通知有关供电部门断电，并拨打急救电话（120 或 999）求救。如果电源开关离触电现场不太远，可戴上绝缘手套，穿上绝缘鞋，使用相应电压等级的绝缘工具，断开电源开关或高压跌落式熔断器。若仅采取了一般性绝缘防护措施，切勿靠近去切断电源。

在未经过严格培训并未采取足够安全的绝缘防护措施情况下，不要贸然接近现场，更不能靠近高压电源，以防跨步电压和电弧伤人。逃离现场时以单脚跳或双脚并拢方式退至与接地点直线距离 30 m 之外的安全地带。

（3）对症救治。具体救治方法如下：

1）轻度受伤。如触电者只是电伤，即电灼伤、电烙印、皮肤金属化等体外组织损伤，未伤及体内组织，一般无生命危险。一些触电者的皮肤症状表现很轻，但电击对机体产生的深部损伤，不仅触电者自己估计不足，有时连医生也估计不足。所以，遭电击后，不论伤情轻重，都应去就医。

2）重度受伤。如触电者神志恍惚、无知觉，但心脏还在跳动，尚有微弱呼吸，应让其在空气新鲜处平躺休息，松开身上妨碍呼吸的衣物，保持呼吸道通畅并注意保暖。如触电者失去知觉，呼吸停止，应立即进行心肺复苏，同时拨打急救电话，尽快送医院抢救。送至医院前，要注意保暖。

六、冻伤的应急处理

化学实验经常会使用液氮、干冰等制冷剂。若操作不小心，易引发不同程度的冻伤事故。

冻伤的皮肤损害与冻伤的程度有关。一度冻伤损害最轻，局部皮肤红肿充血、灼痛；症状在数日后消失，皮肤损害处不留瘢痕。二度冻伤伤及真皮浅层，除冻伤处的皮肤红肿外，还伴有水泡，伤处剧痛。三度冻伤伤及皮肤全层，皮肤变为黑色、褐色，痛感觉丧失；伤口不易愈合，愈合后皮肤留有瘢痕。四度冻伤伤及皮肤、皮下组织、肌肉甚至骨头；治疗困难，皮肤愈后疤痕形成。

冻伤的应急处理是尽快脱离现场环境，快速复温。这是处理冻伤效果最显著而关键的方法。即迅速把冻伤部位放入37~40 ℃（不宜超过42 ℃）的温水中浸泡复温，一般20 min以内，时间不宜过长。对于颜面冻伤，可用37~40 ℃恒温水浸湿毛巾，进行局部热敷。在无温水的条件下，可将冻伤部位置于自身或救助者的温暖体部，如腋下、腹部或胸部，以达到复温的目的。

七、烧伤的应急处理

迅速冷却是烧伤现场最为关键、首要的急救措施，即持续用温度较低的冷水（一般10~20 ℃为宜，但要高于4 ℃）对创面进行浸浴、冲洗或湿敷，直至局部皮肤不疼、不红、不起泡为止。冷却时注意观察伤者，当发生寒战时，则应停止进行。

对于中小面积烧伤，持续冷却是非常有效的急救方法。冷却之后创面皮肤未破损处可外涂烧伤药膏等。有水泡处不可随意挑破，以免感染。

当发生大面积严重烧伤时，随时有发生休克的危险，必须尽快送入医院救治。

八、放射性事故的应急处理

放射性事故根据危害程度通常分为一般事故、重大事故和紧急情况3类。（1）一般事故。一般事故指发生少量放射性物质溅洒等异常情况时，操作者能够利用实验室内的去污剂短时间内自行处理，不会造成扩散和辐射伤害。（2）重大事故。重大事故指发生大量放射性物质溅洒、高毒性核素或大面积污染、皮肤沾污、气溶性放射性物质污染及有放射性物质扩散出限制区等情况，操作者应立即向实验室负责人和主管部门报告。（3）紧急情况。紧急情况指发生严重危及生命健康的辐射事故，或伴随火灾、爆炸等事件；以及出现严重人身伤害和死亡、火灾、爆炸和大量有毒有害气体泄漏等事故时，还可能涉及辐射伤害的情况。

放射性事故发生后，首先应及时准确地上报主管部门，上报内容包括发生事故地点、放射性核素名称、化学形态和数量、人身沾污及伤害情况、已采取的措施、联系人和项目负责人姓名及电话等。下面分别介绍不同等级放射性事故的应急处理方法。

（一）一般事故应急处理方法

（1）立即使用吸附纸和吸附剂覆盖。

（2）围堵泄漏物并隔离事故现场，防止不必要的污染扩散和人员照射。

（3）使用辐射监测仪检测人员皮肤、衣物、实验仪器和场地的污染情况。如果人员皮肤被沾污，参看以下重大事故的处理方法。

（4）妥善清理和清洗污染场所，检测合格后上报有关部门。

(二) 重大事故应急处理方法

(1) 立即通知事故区内的所有人员并撤离无关人员，报告负责人。

(2) 使用吸水纸，尽可能防止污染物扩散，不要试图清洁去污；确定所有可能沾污的人员，防止污染进一步扩散。

(3) 尽可能屏蔽污染源，并减少自身的辐照量。

(4) 离开并锁好受污染的房间，避免污染扩散到非限制区（走廊和非辐射实验室）。

(5) 向主管部门报告。

(6) 脱掉所有受污染的衣服集中存放，在专家指导下进行去污。

(7) 皮肤沾污应先测量确定污染强度并记录，再用温水和肥皂自上而下清洗。

(三) 紧急情况应急处理方法

应采取紧急救援行动，在辐射安全专家指导下实施救助：

(1) 立即通知事故区内的所有人员并撤离人员。

(2) 呼叫紧急救援组织。

(3) 等候救援人员的指令。

第二章　固体废物理化性质分析实验

实验 1　固体废物含水率测定

一、实验背景

固体废物的含水率可按总体或分别按物理组分来记录。含水率数据中包含了水和废物中的其他沸点小于 100 ℃的游离物质，但一般固体废物各组分中所含有的此类物质是极其微量的，因此含水率基本保持了其物理意义。固体废物的含水率对于固废在不同环境条件下的强度、渗透性、水分运移等特性会产生重要影响，进而会影响处置效果：（1）对于堆肥化处理，含水率过高，孔隙度降低，易产生厌氧，导致恶臭；含水率过低，微生物不能正常生长；（2）对于焚烧处理，含水率过高，垃圾不能燃烧，需要添加助燃剂或先经过脱水处理；（3）对于填埋处理，含水率过高，会使填埋场地泥泞，影响填埋机械操作。

固废中水分的存在形式主要包括 4 类：间隙水、毛细水、吸附水、结合水（见图 2-1）。以污泥为例，间隙水（又称游离水），主要存在于污泥颗粒间隙之间，一般占污泥总含水量的 70%左右；毛细水是污泥颗粒之间或颗粒裂隙中由于毛细作用与污泥颗粒结合在一起的水分，占总水量的 20%左右；吸附水是由于表面张力的作用吸附在污泥颗粒表面的水分；结合水是包含在污泥中微生物细胞内的水分，吸附水与结合水共占污泥总水量的 10%左右。

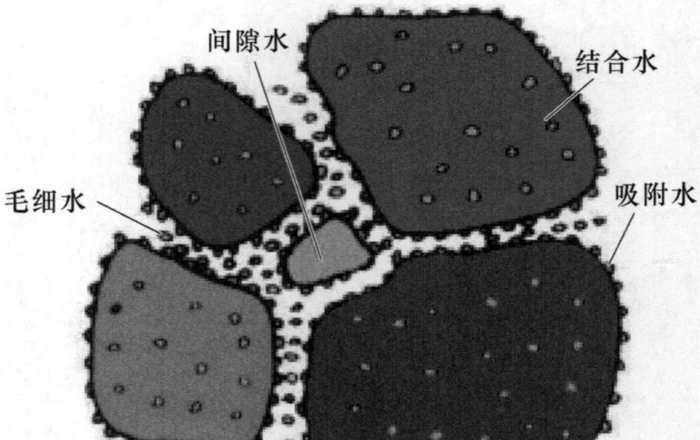

图 2-1　污泥中水分的存在形式

二、实验目的

（1）了解固体废物中水分赋存形式。

（2）掌握不同固体废物中水分测定方法。

三、实验原理

固体废物样品在105 ℃±5 ℃烘干至恒重，以烘干前后样品质量差值计算水分和干物质的含量比值，用质量分数表示。目前常用固体废物干燥方法有3种，分别是烘箱干燥法、微波干燥法和红外干燥法。本实验选用烘箱干燥法，在一定的温度和时间间隔内，用热干燥的方法将固废中的水分全部驱散、挥发，水分的重量与固废干基重量之比即为含水率。

四、仪器及试剂

主要仪器与设备：电子天平、烘箱（见图2-2）、干燥器、具盖容器（见图2-3）。
主要药剂：无水变色硅胶。

图2-2　烘箱

图2-3　具盖容器

五、实验步骤

实验主要包括采集样品、称重、烘干、计算含水率等操作。为保证实验数据准确性，对每组固废进行3组平行含水率测定实验，具体步骤如下：

（1）采集样品。对固废样品进行充分混合，采用堆锥法取样，保证样品的代表性。

（2）称重处理。将具盖容器和盖子于105 ℃烘箱中烘1 h，稍冷，盖好盖子，然后置于干燥器中冷却（约45 min），称量并记录具盖容器和盖子质量 m_0；用样品勺称取25 g固体废物于具盖容器中平铺，盖上盖子，称量总质量 m_1。

（3）烘干处理。将充分放置好的具盖容器放入烘箱，打开容器盖，于105 ℃下干燥至恒重。盖上容器盖，置于干燥器中冷却（约45 min），冷却后称量并记录总质量 m_2。

（4）计算含水率。固体含水率计算公式如下：

$$含水率 = \frac{m_2 - m_1}{m_2 - m_0} \times 100\% \tag{2-1}$$

式中　m_0——具盖容器质量；

m_1——烘干前固体废物与具盖容器的总质量；

m_2——烘干后固体废物与具盖容器的总质量。

六、数据记录与结果处理

（1）依据式（2-1），计算该固体废物的含水率，并计算 3 组实验平均值（见表 2-1）；

表 2-1　试验数据记录

组别	具盖容器质量 m_0/g	烘干前总质量 m_1/g	烘干后总质量 m_2/g	样品烘干后质量/g	含水率/%
第一组					
第二组					
第三组					
平均值	—				

（2）编写实验报告。

七、注意事项

（1）样品烘干后，以 4 h 时间为间隔对冷却后样品进行两次连续称重，前后差值不超过最终测定质量的 1%，此时质量即为恒重；

（2）对于水分含量较高样品，可先将样品烘干 12 h，再以 4 h 为时间间隔进行恒重称量。

八、思考题

（1）结合所学知识思考水分在固体废物中的赋存形式，简述不同形式的特点。

（2）查找资料说明测定固体废物含水率 3 种方法的优缺点。

实验 2　固体废物 pH 值测定

一、实验背景

了解固体废物的 pH 值范围对于其分类和选取适宜处理工艺具有重要意义。根据相关标准，固体废物的 pH 值为 6~9 时，属于第Ⅰ类一般工业固体废物；而 pH 值低于 6 或高于 9 时，则属于第Ⅱ类一般工业固体废物。如赤泥 pH 值呈碱性、粉煤灰 pH 值为 11~12、磷石膏 pH 值为酸性等。固体废物的 pH 值对于环境和人类健康都有着很大的影响。例如，如果废物的 pH 值过低或过高，会导致土壤酸化或碱化，影响植物生长，同时也可能对地下水造成污染。因此，对于固体废物 pH 值的准确测定是确保环保措施得以顺利实施的必要步骤之一，它可以帮助确定废物是否具有腐蚀性，是否对环境具有不良影响，并能够及时采取适当的步骤来处理它们。

二、实验目的

（1）了解固体废物 pH 值测定对其评价的意义。
（2）本专业中相关固体废物的 pH 值。
（3）掌握固体废物 pH 值的测定原理与测定方法。
（4）掌握电子天平、pH 计的使用方法。

三、实验原理

用玻璃电极为指示电极，饱和甘汞电极为参比电极组成电池。在 25 ℃条件下，氢离子活度变化 10 倍，使电动势偏移 59.16 mV，仪器上直接以 pH 值的读数表示。玻璃电极头部球泡是由特殊配方的玻璃薄膜制成，它仅对 H^+ 有敏感作用，当它浸入被测溶液内，则被测溶液中 H^+ 与电极球泡表面水化层进行离子交换，使球泡内外产生一定的电位差。由于电极内部的溶液 H^+ 浓度不变，此电位差仅随外层 H^+ 浓度的变化而变化，故只要测出此电位差就可求得被测溶液的 pH 值。许多 pH 计上有温度补偿装置，可以校正温度的差异。为了提高测定的准确度，校正仪器选用的标准缓冲溶液 pH 值应与待测试样 pH 值类似。

由于固体粉末并不直接含有可自由移动的氢离子，因此其 pH 值的概念需通过某种方式间接获得。固体废物 pH 值测定的常见做法是将固体粉末与适量溶剂（如水、缓冲溶液等）混合，形成均匀的悬浮液或溶解液，再对所得溶液进行 pH 值测量。本实验可适用于单位、个人在生产、经营、生活和其他活动中所产生的固体、半固体和浓度液体。若测定出溶液或固体、半固体浸出液的 pH≤2，或者 pH≥12.5，则这种固体废物具有腐蚀性。

四、仪器及试剂

仪器与设备：pH 计（见图 2-4）、玻璃电极、甘汞电极、磁力搅拌棒、温度计、250 mL 锥形瓶、1 L 容量瓶、封口膜、滤纸、电子天平、水浴恒温振荡器、真空抽滤机、纤维滤膜（孔径 ϕ0.45 μm）、烧杯等。

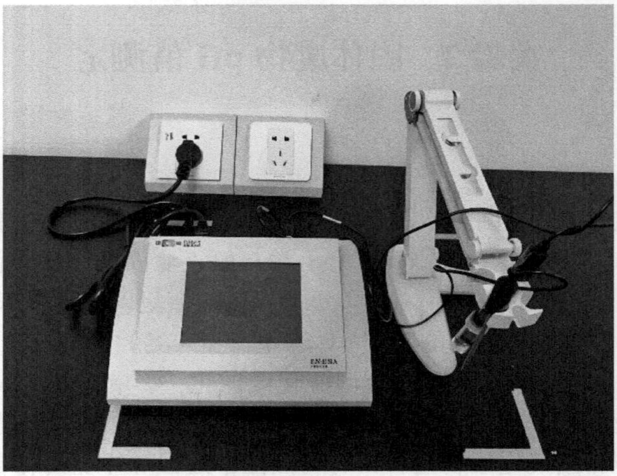

图 2-4　pH 计

药品材料：固废样品（如赤泥、磷石膏等）、磷酸二氢钾、磷酸氢二钾、邻苯二甲酸氢钾、硼砂、氯化钾、蒸馏水。

五、实验步骤

1. 配制标准缓冲溶液

分别称取 3.39 g 磷酸二氢钾、3.53 g 磷酸氢二钾，充分溶解于烧杯中，定容至 1 L 容量瓶，配置 pH = 6.86 的标准溶液；称取 3.80 g 硼砂充分溶解于烧杯中，定容至 1 L 容量瓶，配置 pH = 9.18 的标准溶液；称取 10.21 g 在 105 ℃下烘干的邻苯二甲酸氢钾，充分溶解于烧杯中，定容至 1 L 容量瓶，配置 pH = 4 的标准溶液。

2. 制备浸出液

分别称取 10 g 赤泥和磷石膏（以干基计）加入锥形瓶中，加水至 100 mL 刻度线，封口膜密封。将锥形瓶放入振荡器中，调节振荡频率为 110 次/min，室温振荡 6 h，静置 16 h。过滤装置分离固液相，收集滤液用于测定 pH 值（见图 2-5）。

图 2-5　浸出液制备流程

3. pH 计标定

仪器使用前进行标定。一般情况下仪器在连续使用时，每天需标定一次。

本实验采用两点标定。第一次使用的标准溶液一般为 pH = 6.86 的溶液，将电极插入该缓冲溶液，按“标定”键（此时显示实测的 mV 值对应的该温度下标准缓冲溶液的标称值），然后再按“确认”键，仪器进入“斜率”标定状态；第二次用接近被测溶液 pH 值的缓冲液，即选用与样品 pH 值相差不超过两个 pH 值的标准溶液校正。例如，测定赤泥样品 pH 值时，由于被测溶液为碱性，选用 pH＝9.18 的标准缓冲溶液进行标定，在“斜率”标定状态下，将电极插入该缓冲溶液，此时显示实测的 mV 值，待读数稳定后按“确认”键（此时显示实测的 mV 值对应该温度下标准缓冲溶液的标称值）。然后再按“确认”键，仪器进入 pH 值自动测量状态。当被测溶液为酸性时，第二次使用的标准溶液应选 pH＝4.00。

4. 样品 pH 值测定

将电极从饱和 KCl 溶液中拿出来，用蒸馏水冲洗干净，并用滤纸轻轻吸去水分，在 pH 计测量状态下，将玻璃电极置于待测溶液，待 pH 计读数稳定后记录示数，重复测定 3 次记录示数。

六、数据记录与结果处理

（1）记录并处理实验数据，见表 2-2。

表 2-2　试验数据记录

样品待测液	实验序号	待测样 pH 值	pH 值算术平均值
赤泥样品一	1		
	2		
	3		
磷石膏样品二	1		
	2		
	3		

（2）每个样品至少做 3 个平行试验，其标准差不得超过±0.15pH 单位，取算术平均值报告实验结果。当标准差超过规定范围时，必须分析其原因。

（3）编写实验报告。

七、注意事项

（1）浸出液的过滤不得用清水洗涤以免造成实验误差。

（2）可用复合电极。新的、长期未用的复合电极或玻璃电极在使用前应在蒸馏水中浸泡 24 h 以上，用毕冲洗干净，浸泡在水中。

（3）甘汞电极的饱和氯化钾液面，必须高于汞体，并有适量的氯化钾晶体存在，以保证氯化钾溶液的饱和。在使用前必须先拔掉孔胶塞。

（4）在标定与测量过程中，每更换一次溶液，必须对电极进行清洗，以保证精度。

八、思考题

（1）分析测定 pH 值实验过程中可能造成实验误差的原因和后果。

（2）查阅资料，查明赤泥和磷石膏的来源，说明为何二者分别呈现碱性和酸性。

实验 3　固体废物金属浸出毒性测定

一、实验背景

金属元素在固体废物中广泛存在，它们可能以不同的化学形态存在，如离子态、氧化物、硫化物等。例如，在电子废弃物中，铜的含量可达 10%~20%，铅的含量为 1%~5%。当固体废物暴露于外界环境中，特别是在水的作用下，这些金属元素可能会发生浸出，进入土壤、水体和大气等环境介质。金属浸出毒性的存在不仅会对生态系统的平衡和稳定产生负面影响，还可能通过食物链的传递，最终危害到人类的身体健康。例如，某些重金属如铜、镉、铅等具有高度的毒性和生物累积性，即使在极低的浓度下也可能对人体的神经系统、肾脏、肝脏等器官造成损害。因此，为了有效评估固体废物对环境的潜在危害，保障生态安全和人类健康，进行固体废物的金属浸出毒性实验具有重要的意义。

二、实验目的

（1）掌握固体废物的金属浸出毒性实验的基本原理和操作方法，熟悉相关国家标准和规范。

（2）测定固体废物浸出液中特定金属元素铜、镉、铅的浓度，判断固体废物是否具有浸出毒性特征。

（3）学会正确使用电感耦合等离子体发射光谱仪仪器进行金属元素的分析测定，了解仪器的工作原理、操作流程和维护要点。

三、实验原理

（1）浸出原理。浸出是可溶性的组分通过溶解或扩散的方式从固体废物中进入浸出液的过程。当填埋或堆放的废物和液体接触时，固相中的组分就会溶解到液相中形成浸出液。组分溶解的程度取决于液固相接触的点位、废物的特性和接触的时间。浸出液的组成和它对水质的潜在影响，是确定该种废物是否为危险废物的重要依据，也是评价这种废物所适用处置技术的关键因素。

（2）检测原理。电感耦合等离子体原子发射光谱法：等离子体发射光谱可用于定性测定样品中存在的元素。当氩气通过等离子体火炬时，经射频发生器所产生的交变电磁场使其电离、加速并与其他氩原子碰撞。这种连锁反应使更多的氩原子电离，形成原子、离子、电子的粒子混合气体，即等离子体。过滤或消解处理过的样品经进样器中的雾化器被雾化并由氩载气带入等离子体火炬中，气化的样品分子在等离子体火炬的高温下被气化、电离、激发。不同元素的原子在激发或电离时可发射出特征光谱，所以等离子体发射光谱可用来定性测定样品中存在的元素。特征光谱的强弱与样品中原子浓度有关，与标准溶液进行比较，即可定量测定样品中各元素的含量。

四、实验原料、药剂与仪器

实验原料：固体废物样品。

实验药剂：金属铜、铅和镉（纯度≥99.99%）、5%硝酸、(1+1) 硝酸溶液、蒸馏水。

实验仪器：电子天平、锥形瓶、容量瓶、烧杯、电感耦合等离子体发射光谱仪、水浴恒温振荡器。

五、实验步骤

1. 固体废物浸出

(1) 将固体废物样品研磨制成-0.0475 μm 以下粒度的试样；

(2) 称取 10.000 g 固体废物样品置于锥形瓶中，加入 100 mL 蒸馏水后搅拌均匀，随后将瓶口密封。

(3) 将锥形瓶垂直固定于水浴恒温振荡器上，调节频率为 120 r/min，在 25 ℃下振荡浸取 12 h（可根据需要适当调整浸取时间）。

(4) 振荡结束后，取下锥形瓶并静置一段时间，以实现固液分离。随后采集 10 mL 上清液，采用 0.45 μm 的过滤膜对水样进行过滤处理，最后通过电感耦合等离子体发射光谱仪测定溶液中重金属的浓度。

2. 标准贮备液的配制

称取 1.0000 g 金属铜（纯度≥99.99%），置于 250 mL 烧杯中，加入 30 mL 硝酸（1+1），加热溶解后，冷却至室温，转移至 1000 mL 容量瓶中，用蒸馏水定容至刻度，摇匀（此处以铜为例，镉、铅同理）。

注：为配置好的标准贮备液贴上标签，注明标准溶液的名称、浓度、配制日期及有效期等相关信息，并将其置于 4 ℃以下且避光的环境中保存。

3. 标准曲线的绘制

分别吸取适量的铜标准贮备液于容量瓶中，用 5%的硝酸溶液或盐酸溶液稀释，配制浓度分别为 0 mg/L、0.5 mg/L、1.0 mg/L、2.0 mg/L、5.0 mg/L 的标准系列溶液，然后在 327.396 nm 波长下测定不同浓度铜溶液的信号强度。以铜浓度为横坐标，信号强度为纵坐标，绘制标准曲线，计算线性回归方程。实验过程中测出各样品的信号强度均代入所得线性回归方程求出样品中铜的浓度（镉和铅分别采用 226.50 nm，220.35 nm 的波长）。

4. 分析待测样品

根据标准曲线（$y=kx+b$），计算出样品溶液中各金属元素的浓度。

$$\text{样品浓度} = \frac{A_{\text{样}} - b}{k} \tag{2-2}$$

式中　$A_{\text{样}}$——样品溶液的信号强度值。

如果样品溶液进行了稀释，应将计算结果乘以稀释倍数，得到固体废物浸出液中各金属元素的实际浓度。再根据实际浓度，计算得出固体废物的重金属 Cu、Cd、Pb 的浸出率：

$$\text{浸出率} = \frac{M}{M_0} \times 100\% \tag{2-3}$$

式中　M_0——固体废物中重金属物质的量；

M——固体废物浸出的重金属物质的量。

六、数据记录与结果处理

数据记录与结果处理见表 2-3。

表 2-3　浸出液中重金属浓度测定结果

序号	Cu 的浓度/mg · L^{-1}	Pb 的浓度/mg · L^{-1}	Cd 的浓度/mg · L^{-1}
1			
2			
3			
平均值			
浸出毒性限值①/mg · L^{-1}	100	5	1

①表示固体废物浸出毒性鉴别标准值，遵循《危险废物鉴别标准　浸出毒性鉴别》（GB 5085. 3—2007）。

七、注意事项

（1）请勿用手直接接触固体废物，防止污染；

（2）实验中所用的各种酸都具有强烈的腐蚀性，操作过程中务必戴好防护手套等，防止实验中的飞溅等意外事故。

八、思考题

（1）除了本实验测定的铜、镉、铅等金属离子外，还有哪些金属离子或其他有害物质可能存在于固体废物中并具有浸出毒性风险？如何对它们进行检测和分析？

（2）固体废物浸出毒性实验中，浸出方法的选择对实验结果有何影响？

（3）在实验过程中，如果发现测定结果的重复性较差，可能的原因有哪些？如何解决？

实验4　固体废物电导率测定

一、实验背景

固体废物是指在生产、生活和其他活动中产生的丧失原有利用价值或者虽未丧失利用价值但被抛弃或者放弃的固态、半固态及法律、行政法规规定纳入固体废物管理的物品、物质。电导率可反映固体废物的组成与特性，不同成分的固体废物电导率差异明显。在环境保护和资源循环利用等多方面有着不可忽视的作用。

电导率作为固体废物的一项关键物理特性，能够为深入了解其性质和潜在环境影响提供重要依据。不同来源、不同成分的固体废物，其电导率数值往往存在显著差异。通过精确测定固体废物的电导率，可以辅助判断其中所含电解质的浓度与种类，进而对污染程度、资源回收潜力等方面进行初步评估。例如，某些高电导率的固体废物可能意味着其中含有大量可溶性盐类等污染物，在堆放或处置过程中容易引发渗滤液问题，对土壤和地下水质量构成严重威胁；而一些特定电导率范围的固体废物，则可能具备提取有价值金属离子等资源回收利用的可能性。此外，在固体废物的分类、处理工艺选择及环境风险监测与控制等工作中，电导率测定也能够提供极具价值的数据支持。它有助于建立更为科学合理的固体废物管理体系，提高资源回收利用率，降低环境污染风险，推动循环经济与可持续发展战略的顺利实施。因此，开展固体废物电导率测定实验具有极为重要的现实意义与应用价值。

二、实验目的

（1）了解固体废物利用现状及意义。
（2）了解固体废物的电学特性及其与成分、纯度等因素的关联。
（3）掌握固体废物电导率的测定原理及方法。

三、实验原理

固体废物电导率测定的实验原理是基于电解质溶液的导电特性。固体废物中若含有可溶性电解质，其在水溶液中会电离出自由移动的离子，这些离子能够传导电流。当在含有固体废物的溶液两端施加一定电场时，溶液中的阳离子会向负极移动，阴离子会向正极移动，从而形成电流。

借助特定的电极装置将一定的电势差施加于含有固体废物溶解成分的溶液两端时，溶液中可自由移动的离子在电场力的驱动下发生定向迁移运动，由此形成电流，通过对该电流值的精确测量，并结合欧姆定律的数学关系，可计算得出溶液的电阻。

欧姆定律如式（2-4）所示：

$$I = \frac{V}{R} \tag{2-4}$$

式中　I——电流强度，由溶液两端的电势差和溶液自身的电阻共同决定。

而电导率（以 σ 表示）作为描述溶液导电能力的关键物理量，当电导池常数 K 已知，电导率与电阻互为倒数，即式（2-5）：

$$\sigma = \frac{K}{R} \tag{2-5}$$

电极与溶液接触示意图如图 2-6 所示。

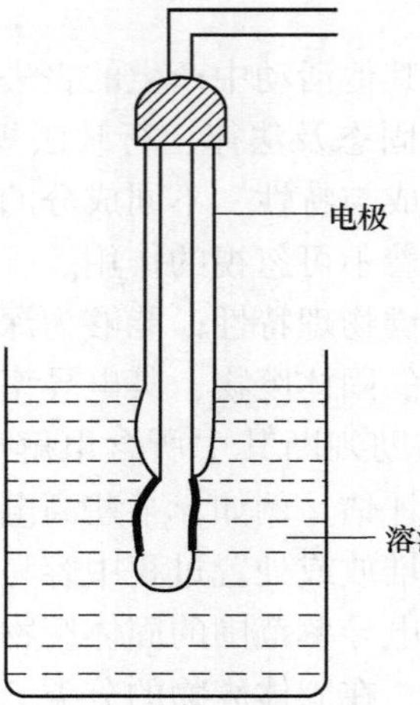

图 2-6 电极与溶液接触示意图

温度对固体废物溶液的电导率有显著作用，温度升高，离子热运动加剧，溶液电导率增大，反之则减小，因此实验中需保持溶液温度恒定或对测量结果进行温度补偿，保证所测电导率数据的可靠性和可比性，准确反映固体废物溶液的导电特性及其与离子浓度、温度等因素的关系。

四、仪器及试剂

主要仪器与设备：电导率仪（见图 2-7）、电极、分析天平、温度计、锥形瓶、往复式水平恒温振荡器、恒温干燥箱。

主要药剂：磷石膏样品、氯化钾标准溶液。

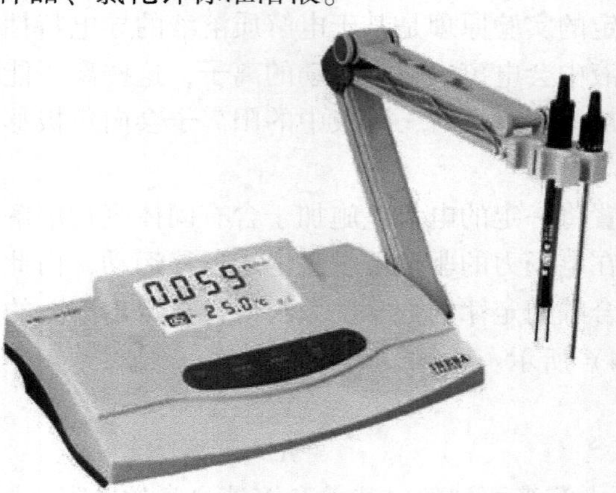

图 2-7 电导率仪

五、实验步骤

1. 样品制备

本实验以典型固体废物磷石膏为研究对象，将磷石膏样品置于恒温干燥箱中在 40 ℃±5 ℃下干燥至恒重，去除其中游离水。干燥后，将磷石膏样品用研钵研磨成细粉，过 200 目（0.074 mm）筛，以保证样品的均匀性。

称取 20.00 g 磷石膏样品于 250 mL 锥形瓶中，加入 20 ℃±1 ℃的 100 mL 水，盖上瓶盖，放在往复式水平恒温振荡器上，于 20 ℃±1 ℃振荡 30 min。取下振荡瓶，静置 30 min 后，将上清液经定性滤纸过滤，滤液收集于 100 mL 烧杯中，待测。

2. 实验室空白试样的制备

不称取样品，直接在 250 mL 锥形瓶中加入 20 ℃±1 ℃的 100 mL 水，按照与试样制备相同的步骤，制备实验室空白试样。

3. 电导池常数的测定

用 0.01 mol/L 的氯化钾标准溶液冲洗电导池 3 次，再将电导池插入该标准溶液，置于 25 ℃±1 ℃恒温水浴中 15 min，测定该标准溶液的电阻 R_{KCl}。更换标准溶液后再进行测定，重复数次，使电阻 R_{KCl}稳定在±2%范围内，取 3 次连续重复测定的平均值 R_{KCl}，按照式（2-6）计算 0.01 mol/L 氯化钾标准溶液在 25 ℃时的电导池常数 K。

$$K = 141R_{KCl} \tag{2-6}$$

式中 K——0.01 mol/L 氯化钾标准溶液在 25 ℃时的电导池常数；

R_{KCl}——0.01 mol/L 氯化钾标准溶液在 25 ℃时，3 次重复测定电阻的平均值，Ω；

141——0.01 mol/L 氯化钾标准溶液在 25 ℃时对应的电导率值，mS/m。

4. 试样测定

用水冲洗电极数次，再用待测的提取液冲洗电极。将电极插入待测提取液，将温度校正为 25 ℃±1 ℃，测定磷石膏提取液的电导率。直接从电导率仪上读取电导率值，单位为 mS/m，当测定结果大于或等于 100 mS/m 时，保留 3 位有效数字；当测定结果小于 100 mS/m 时，保留至小数点后 1 位。同时记录提取液的温度，测量 3 次，每次测量间隔 5 min，取平均值作为测量结果。

5. 实验室空白试样测定

按照与试样测定相同的步骤测定实验室空白试样的电导率。空白电导率值不应超过 1 mS/m。否则，应查找原因，重新测定。

六、数据记录与结果处理

（1）记录 3 次测量 0.01 mol/L 氯化钾标准溶液的电阻值（见表 2-4），计算出电导池常数 K；

（2）记录每次测量磷石膏样品的质量、溶液温度、电导率值及实验室空白试剂电导率值等实验数据（见表 2-5）；

（3）计算 3 次测量磷石膏样品及空白试剂电导率的平均值（见表 2-6），并根据实验数据评估测量结果的重复性和准确性；

（4）编写实验报告。

表 2-4 磷石膏样品测定数据记录

序号	样品质量/g	溶液温度/℃
1		
2		
3		

表 2-5 磷石膏电导率记录

序号	磷石膏电导率/mS · m^{-1}	电导率平均值/mS · m^{-1}
1		
2		
3		

表 2-6 空白试样电导率记录

序号	空白试样电导率/mS · m^{-1}	电导率平均值/mS · m^{-1}
1		
2		
3		

七、注意事项

（1）电极表面附有小气泡时，应轻敲振动容器将其排除，以免引起测量误差。
（2）样品提取时，应避免剧烈振荡；样品提取后，应及时测定。
（3）实验过程中严格控制溶液温度恒定，温度波动不超过±0.5 ℃。
（4）电极使用前后必须先用去离子水冲洗干净，再将其擦干，防止交叉污染。

八、思考题

（1）哪些因素会显著干扰固体废物电导率测定结果？
（2）不同湿度下固体废物电导率为何会有差异？
（3）电导率测定对固体废物分类有何重要意义？

实验 5　固体废物总氮含量测定

一、实验背景

总氮是评价固体废物的重要指标，其含量反映了水体受营养物质污染的程度，对于评估环境质量和生态影响具有重要意义。固体废物中的总氮主要来源于其中的有机氮和无机氮化合物。有机氮包括蛋白质、氨基酸、核酸等，无机氮则包括氨氮、亚硝酸盐氮和硝酸盐氮等。

总氮含量的高低直接关系到水体的富营养化程度。当水体中的总氮含量过高时，会促进藻类等水生生物的过度繁殖，消耗水中大量的溶解氧，导致水体缺氧，影响水生生物的生存和繁殖。此外，总氮还会影响土壤的性质和结构，对农作物的生长产生不利影响。在大气环境中，固体废物中的含氮化合物可能会在一定条件下转化为有害气体，对空气质量造成影响。因此，准确测定固体废物中的总氮含量，对于评估固体废物的环境风险、制定合理的处理处置方案及保护生态环境具有重要意义。

二、实验目的

（1）了解固体废物中的总氮主要存在形式以及产生的危害。

（2）了解总氮测定的适用范围和注意事项。

（3）掌握碱性过硫酸钾消解-紫外分光光度法测定总氮的基本方法和原理。

三、实验原理

在 120～140 ℃下，碱性过硫酸钾作为强氧化剂，将固体废物中的有机氮化合物、氨态氮（NH_3-N）、亚硝态氮（NO_2^--N）、硝态氮（NO_3^--N）等各种形态的氮氧化为硝酸盐（NO_3^-）。其化学反应过程较为复杂，基本反应式可大致表示为：

有机氮化合物：有机氮化合物+$K_2S_2O_8$+$OH^- \longrightarrow NO_3^-$+其他产物

氨氮：$NH_4^+ + 3OH^- + 2K_2S_2O_8 \longrightarrow NO_3^- + 6H_2O + 4K^+ + 3SO_4^{2-}$

亚硝态氮：$NO_2^- + 2S_2O_8^{2-} \longrightarrow NO_3^- + 2SO_4^{2-}$

在紫外分光光度计上，于波长 220 nm 和 275 nm 处分别测定吸光度。根据吸光度差值计算总氮含量，因为硝酸盐在 220 nm 处有强烈吸收，其吸收程度与硝酸盐的浓度成正比，而在 275 nm 处的吸收可用于校正有机物等干扰物质的影响。利用两处吸光度的差值来计算总氮的含量，校正吸光度 $A_{校正} = A_{220} - 2A_{275}$。

四、仪器及试剂

主要仪器：电子天平、消解仪、紫外分光光度计（见图 2-8）、容量瓶、比色管、石英比色皿。

试剂：无氨水、氢氧化钠，过硫酸钾、硝酸钾标准使用液、浓盐酸、浓硫酸。

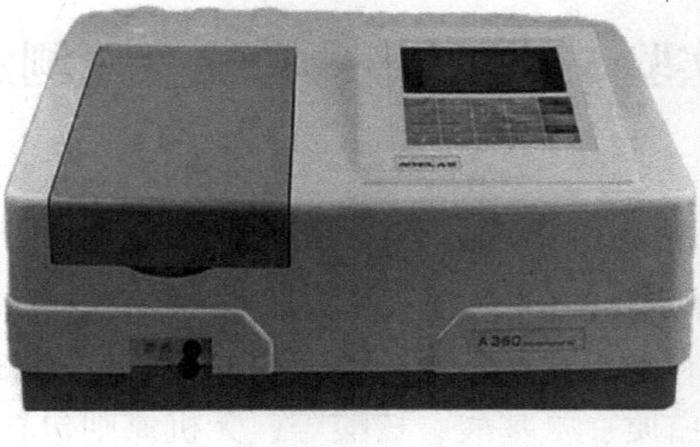

图 2-8 紫外分光光度计

五、实验步骤

1. 样品准备

将植物秸秆样品烘干处理，去除其中的水分。然后将其研磨至细小颗粒状并过筛，保存待测。准确称取一定量的预处理后的固体废物样品置于消解管中。加入适量的无氨水，使样品充分湿润并分散均匀。

2. 消解处理

称取一定量的过硫酸钾和氢氧化钠分别溶解于无氨水中，配制成碱性过硫酸钾溶液。向装有样品溶液的消解管中加入适量的碱性过硫酸钾溶液，轻轻摇匀，使样品与消解试剂充分混合。控制消解温度在 120~124 ℃，消解 30 min。消解完成后，将消解管取出放在通风良好的地方自然冷却至室温。

3. 测定步骤

（1）校准曲线的绘制。分别量取 0 mL、0. 20 mL、0. 50 mL、1. 00 mL、3. 00 mL 和 7. 00 mL 硝酸钾标准使用液（$\rho_N = 10.0$ mg/L）于 25 mL 具塞磨口玻璃比色管中，其对应的总氮（以 N 计）含量分别为 0 μg、2. 00 μg、5. 00 μg、10. 0 μg、30. 0 μg 和 70. 0 μg。加水稀释至 10. 00 mL，再加入 5. 00 mL 碱性过硫酸钾溶液（0. 04 g/mL 过硫酸钾 + 0. 015 g/mL 氢氧化钠）。将比色管置于消解仪，保持温度在 120~124 ℃ 30 min 后，取出比色管冷却至室温。每个比色管分别加入 1. 0 mL 盐酸溶液（$\rho_{HCl} = 0.119$ mg/mL），用水稀释至 25 mL 标线，盖塞混匀。使用 10 mm 石英比色皿，在紫外分光光度计上，以水作参比溶液调零，分别在波长 220 nm 和 275 nm 处测定吸光度，吸光度按 $A_r = A_{220} - A_{275}$ 进行计算。以总氮（以 N 计）含量（μg）为横坐标，对应的 A_r 值为纵坐标绘制校准曲线。

（2）固体废物总氮的测定。将上述处理好的待测液消解后，取一定对应质量的溶液根据上述操作步骤进行测定。其总氮含量计算公式如下：

$$\rho = \frac{(A_r - a) \times f}{bV} \tag{2-7}$$

式中 ρ——样品中总氮的质量浓度，mg/L；

A_r——试样校正吸光度；

a——校准曲线的截距；

b——校准曲线的斜率；

V——试样体积，mL；

f——稀释倍数。

六、数据记录与结果处理

数据记录与结果处理见表2-7和表2-8。

表2-7 标准曲线记录

标准使用液/mL	0	0.20	0.50	1.00	3.00	7.00
总氮含量/μg	0	2.00	5.00	10.0	30.0	70.0
校正吸光度 A_r						

表2-8 固体废物总氮含量记录

样品编号	1	2	3	4	5	6
校正吸光度 A_r						
稀释倍数						
取样体积/mL						
总氮浓度/$mg \cdot L^{-1}$						

（1）以总氮（以N计）含量（μg）为横坐标，对应的 A_r 值为纵坐标，绘制校准曲线；

（2）根据校准曲线，计算固体废物中总氮含量。

七、注意事项

（1）实验中使用的试剂应具有较高的纯度，氮杂质含量应尽可能低，否则会导致空白值过高，影响测定结果准确性。

（2）消解管应选择耐高压、耐高温且化学稳定性好的材质，如玻璃或聚四氟乙烯材质。玻璃消解管透明度好，便于观察溶液状态。

（3）在整个消解过程中，要注意避免样品和试剂受到外界污染，如空气中的氨、氮氧化物等。

（4）样品中的某些有机物和悬浮物可能会干扰测定，需要进行适当的预处理。

八、思考题

（1）固体废物的分类有哪些，有什么危害？

（2）固体废物的处理方法有哪些？

（3）如何更好地实现固废资源化利用？

实验 6　固体废物总磷含量测定

一、实验背景

固体废物中的总磷主要为正磷酸盐、缩合磷酸盐（焦磷酸盐、偏磷酸盐和多磷酸盐）和有机结合的磷（如磷脂等）等。固废随意处置会使固废中的总磷进入土壤，改变土壤中磷的本底含量。适量的磷对土壤肥力有一定的益处，可以促进植物生长，但是过量的磷会造成土壤污染。长期积累的高磷会使土壤的化学性质发生改变，如导致土壤酸碱度失衡。在一些酸性土壤中，过多的磷可能会与土壤中的铁、铝等金属离子结合，形成难溶性的磷酸盐沉淀，降低土壤中磷的有效性，影响植物对其他养分的吸收。而且，土壤中过量的磷还可能通过地表径流等方式再次进入水体，加剧水体富营养化的风险。例如，在农田中，如果过量施用含磷的固体肥料，在降雨或灌溉时，土壤中的磷就容易随水流流失到附近的河流、湖泊中。总磷含量可以评估固体废物弃置带来的环境风险，对于评估环境质量和生态影响具有重要意义。

二、实验目的

（1）了解固体废物中的总磷主要存在形式以及产生的危害。

（2）了解总磷测定的适用范围和注意事项。

（3）掌握偏钼酸铵分光光度法测定总磷的基本方法和原理。

三、实验原理

固体废物经硝酸体系微波消解，其中的含磷难溶盐和有机物全部转化为可溶性的正磷酸盐，在酸性条件下与偏钒酸铵和钼酸铵反应生成黄色的三元杂多酸，于波长 420 nm 处测量吸光度。在一定浓度范围内，磷酸盐含量与吸光度值符合朗伯-比尔定律。

四、仪器及试剂

主要仪器：电子天平、消解仪、可见光分光光度计、容量瓶、比色管、30 mm 石英比色皿、电热板。

所使用的试剂如下：

（1）磷标准溶液：称取 4. 3940 g 磷酸二氢钾溶于约 200 mL 水中，加入 5 mL 浓硫酸，移至 1000 mL 容量瓶中，加水定容至标线，混匀，得到浓度为 1000 mg/L 的贮备液。磷标准液为 20 mg/L。

（2）2,6-二硝基酚：0. 2 g 2,6-二硝基酚溶于 100 mL 水中。

（3）钼酸铵溶液：称取 25 g 钼酸铵［$(NH_4)_6Mo_7O_{24}\cdot 4H_2O$］溶于 400 mL 水中。

（4）偏钒酸铵溶液：称取 1. 25 g 偏钒酸铵（NH_4VO_3）溶于 300 mL 沸水中，冷却后，加入 250 mL 浓硝酸，冷却至室温。

（5）钼酸铵-偏钒酸铵混合溶液：将钼酸铵溶液（3）缓慢加入偏钒酸铵溶液（4）中，用水稀释至 1000 mL。

（6）碳酸氢钠溶液（10%）、浓硝酸、浓硫酸、硫酸溶液（0.5 mol/L）。

五、实验步骤

1. 固体废物消解

称取0.20~0.50 g样品（精确至0.01 g），置于微波消解罐中，用适量的水润湿样品，加入10 mL浓硝酸，加盖后冷消解过夜（至少16 h），然后放入微波消解仪消解，升温程序参照表2-9，消解完毕后冷却。可用电热板赶酸，将消解液完全转移至玻璃烧杯后放在电热板上约160 ℃加热至样品呈黏稠状。如试液不呈灰白色则说明消解未完全，等冷却至室温后再加适量浓硝酸，继续进行微波消解和赶酸直至样品呈灰白色。取下微波消解罐冷却至室温，将样品全部转移至50 mL比色管中，加水至50 mL刻度，摇匀，静置，取上清液待测。

表2-9　升温程序参照表

升温步骤	升温时间/min	消解温度/℃	保持时间/min
第一步	5	120	2
第二步	4	160	5
第三步	4	190	25

2. 测定步骤

（1）标准曲线的绘制。移取0 mL、2.00 mL、4.00 mL、6.00 mL、8.00 mL、10.00 mL、12.00 mL、14.00 mL磷标液于50.0 mL比色管中，定容至25 mL刻度线。然后加入2滴指示剂，用硫酸溶液或碳酸钠溶液调至溶液呈淡黄色，再加入10 mL钼酸铵-偏钒酸铵混合溶液用蒸馏水定容至50.0 mL，室温下放置30 min。磷标准系列浓度分别为0 mg/L、0.80 mg/L、1.60 mg/L、2.40 mg/L、3.20 mg/L、4.00 mg/L、4.80 mg/L、5.60 mg/L，以水作参比，在波长420 nm处用30 mm比色皿进行比色。以扣除零浓度的校正吸光度值为纵坐标，磷浓度（mg/L）为横坐标，建立标准曲线。

（2）固体废物总磷的测定。固体废物样品中总磷的含量（mg/kg），按照式（2-8）进行计算：

$$w = \frac{(\rho - \rho_0) \times V_1 \times 50}{m \times V_2} \tag{2-8}$$

式中　w——固废物样品中总磷的含量，mg/kg；
ρ——从校准曲线上计算试样中总磷的浓度，mg/L；
ρ_0——从校准曲线上计算空白试样中总磷的浓度，mg/L；
m——样品量（鲜样重），g；
V_1——消解液的定容体积，mL；
V_2——测定时量取的试样体积，mL；
50——待测液定容体积，mL。

六、数据记录与结果处理

数据记录与结果处理见表2-10和表2-11。

表 2-10 标准曲线记录

标准使用液/mL	0	2	4	6	8	10	12	14
总磷含量/mg · L^{-1}	0	0. 8	1. 6	2. 4	3. 2	4	4. 8	5. 6
吸光度 A								

表 2-11 固体废物总磷含量记录

样品编号	1	2	3	4	5	6
校正吸光度 A						
稀释倍数						
取样体积/mL						
总磷浓度/mg · kg^{-1}						

（1）以总磷（以 N 计）含量（mg/L）为横坐标，对应的 A 值为纵坐标，绘制校准曲线；

（2）根据校准曲线，计算固体废物中总磷含量。

七、注意事项

（1）实验中使用的试剂应具有较高的纯度，其中的磷杂质含量应尽可能低，否则会导致空白值过高，影响测定结果准确性。

（2）消解管应选择耐高压、耐高温且化学稳定性好的材质，如玻璃或聚四氟乙烯材质。玻璃消解管透明度好，便于观察溶液状态。

（3）在整个消解过程中，要注意避免样品和试剂受到外界污染。

（4）样品中的某些有机物和悬浮物可能会干扰测定，需要进行适当的预处理。

八、思考题

（1）标准曲线消解与不经消解有什么区别？

（2）进行消解后赶酸的目的是什么？

（3）消解时程序升温的目的是什么？

实验 7　粉体密度和堆积密度测定

一、实验背景

在许多工业领域，如制药、化工、材料科学、食品等，粉体材料的应用极为广泛。粉体的密度是其重要的物理性质之一，它直接影响到产品的配方设计、生产工艺过程控制、包装运输及储存等环节。例如，在制药行业中，精确控制药物粉体的密度对于确保药品的剂量准确性、稳定性及生产过程中的混合均匀性至关重要；在建筑材料领域，了解粉体的密度有助于优化混凝土等材料的配合比，以达到所需的强度和性能要求。因此，准确测定粉体的密度和堆积密度具有重要的实际意义。

二、实验目的

（1）掌握粉体真密度、颗粒密度以及堆积密度的测定原理和方法。

（2）通过实验操作，熟悉相关仪器设备的使用，如比重瓶、漏斗、量筒、振实密度仪等。

（3）学会对实验数据进行记录、处理和分析，计算出粉体的不同密度值，并能够根据实验结果评估粉体的物理特性及其在实际应用中的影响。

三、实验原理

1. 真密度测定原理

真密度是指粉体质量与其真体积（不包括颗粒内外空隙的体积）之比。本实验基于阿基米德原理采用浸液法（以比重瓶法为例）测定真密度。将粉体置于已知密度的对其润湿而不溶解的液体中，抽真空除气泡，通过测量粉体排出液体的体积来确定粉体的真体积，进而计算真密度。设比重瓶质量为 M_1，装入粉体后质量为 M_2，则粉体质量 $M=M_2-M_1$。将装有粉体的比重瓶注满液体并排除气泡后称得总质量为 R，已知液体密度为 L，比重瓶加液体的总质量为 W，真密度 ρ 的计算公式如下：

$$\rho = \frac{M}{V} = \frac{M}{(M + W - R)/L} \tag{2-9}$$

式中　V——粉体的真体积。

2. 颗粒密度测定原理

颗粒密度是指粉体质量与颗粒体积（包括封闭孔隙体积，但不包括颗粒间空隙体积）之比。其测定方法与真密度测定的浸液法类似，但采用的液体不同，需根据颗粒的性质选择合适的液体。如对于一些不与水反应且孔隙较大的颗粒可采用水作为浸液；对于一些表面粗糙、孔隙较小且不易被水润湿的颗粒，可采用水银等表面张力较大的液体，利用其能更好地填充颗粒间较小孔隙的特性来测定颗粒体积，进而计算颗粒密度。

3. 堆积密度测定原理

（1）松装密度测定原理。松装密度是指粉体在自然堆积状态下单位体积的质量。采用自然堆积法或漏斗法测定。在自然堆积法中，让粉体从一定高度自由落下充满量筒，此时粉体处于松装状态，通过测量量筒内粉体的质量和体积，计算松装密度。漏斗法是使粉末从漏斗自由落入量杯，以获得松装状态，进行测量计算。

（2）振实密度测定原理。振实密度是指在规定条件下，通过振实使粉体处于紧密填充状态时单位体积的质量。将一定量的粉体分多次装入测定容器，每次装入后进行振击，使粉体逐渐紧密堆积，当振荡体积不再变化时，此时的密度即为振实密度。

四、仪器及试剂

1. 仪器

（1）比重瓶：通常采用玻璃材质，具有精确的容积刻度，用于真密度测定。

（2）岩石粉碎机，出料粒度 0.2~0.3 mm。

（3）鼓风烘箱：温度控制在（105±5）℃。

（4）漏斗：有不同规格，如用于松装密度测定的漏斗，其材质可为不锈钢，流出口径和锥度有特定要求，如流出口径为 12.7 mm，锥度为 60°等。

（5）量筒：材质一般为玻璃或不锈钢，用于测量粉体堆积后的体积，常见容积有 100 mL 等。

（6）真空干燥器：内径 150 mm。

（7）振实密度仪：包括气缸、振动装置、计数器等部件，可调节振动频率和次数，如气缸容量有 100 cc、200 cc 等规格，振动频率可在一定范围内调节，计数器可记录振击次数。

（8）天平：精度达到 0.0001 g，用于称量粉体、比重瓶、量筒等的质量。

（9）真空泵：用于在真密度测定时排除比重瓶内的气泡，抽气速率不小于 0.5 L/s。

（10）温度计：测量实验过程中的液体温度，以便准确计算密度，精度为 0.1 ℃。

2. 试剂

（1）蒸馏水：用于真密度测定（当粉体不与水反应时），其密度随温度变化，可通过查表获取不同温度下的准确密度值。

（2）若采用其他浸液（如水银），需准备相应纯度的试剂，并了解其物理性质和安全操作要求。

五、实验步骤

1. 真密度测定步骤

（1）比重瓶的准备。将比重瓶洗净、烘干，放在干燥器中冷却至室温，然后用天平精确称量其质量 M_1。

（2）粉体试样的称量。取适量粉体试样，在天平上精确称量其质量 M，然后将粉体小心装入比重瓶中，再称得比重瓶和试样的总质量 M_2。

（3）液体的注入与气泡排除。将蒸馏水缓慢注入装有试样的比重瓶内，至容器容量的 2/3 处，然后将比重瓶放入真空干燥器内，连接真空泵，抽气 15~20 min，排除气泡。

（4）比重瓶的最终处理与称量。从真空干燥器中取出比重瓶，缓慢补充蒸馏水至满瓶，注意不要使液体溢出。擦干比重瓶外壁，用天平称得比重瓶加剩余液体加粉尘的总质量 R。

（5）温度测量。用温度计测量实验时蒸馏水的温度 T，以便获取该温度下蒸馏水的准确密度 L。

2. 颗粒密度测定步骤

（1）与真密度测定类似，先准备好合适的浸液（如水银或其他选择的液体）和干净的比重瓶，称量比重瓶质量 M'_1。

（2）称取一定量的粉体试样，质量为 M'，将其装入比重瓶。

（3）根据所选用的浸液特性，采用相应的方法将浸液注入比重瓶并排除气泡。例如，若使用水银，需小心操作避免水银溅出，利用其重力和表面张力使其填充颗粒孔隙。

（4）补充浸液至比重瓶满刻度，擦干瓶外壁，称量比重瓶加浸液加粉体的总质量 R'。

（5）查找或测定实验温度下浸液的密度 L'，用于后续计算颗粒密度。

3. 堆积密度测定步骤

（1）松装密度测定

1）自然堆积法

①将漏斗置于量筒上方一定高度（如 3~5 cm）处，固定好位置。

②取适量粉体试样，缓慢倒入漏斗中，让粉体从漏斗口自由落下充满量筒，注意不要晃动量筒。

③用直板尺沿量筒口刮平粉末，但不要挤压粉末，然后用天平称量量筒和粉末的总质量 m_1，已知量筒的体积 V_1，$m_{量筒}$为量筒的质量，松装密度的计算公式如下：

$$\rho_{松装} = \frac{m_1 - m_{量筒}}{V_1} \tag{2-10}$$

2）漏斗法

①将漏斗（如流出口径 2.5 mm 或 5.0 mm 漏斗，根据粉体特性选择）置于量杯上部一定距离处并固定。

②将粉体试样缓慢倒入漏斗，使粉末从漏斗自由落入量杯，直至量杯装满。

③用直板尺刮平粉末，但不要挤压，然后称量量杯和粉末的总质量 m_2，已知量杯的体积 V_2，$m_{量杯}$为量杯的质量，松装密度的计算公式如下：

$$\rho_{松装} = \frac{m_2 - m_{量杯}}{V_2} \tag{2-11}$$

（2）振实密度测定

1）将振实密度仪的气缸清理干净，设置好振动频率（如 150 次/min）和振击次数（如 3000 次）。

2）取一定量的粉体试样，如 100 mL 或 200 mL（根据仪器气缸容量和实验要求），分 3 次，每次将取样量的 1/3 通过测定容器上端套筒，倒入测定容器中。

3）每倒一次，启动振实密度仪进行振击，每次振击 1000 次。

4）3 次粉体全部装入并振击完毕后，读取测定容器内粉体的最终体积 V_3，然后称量测定容器和粉体的总质量 m_3，$m_{容器}$为测的容器质量，振实密度的计算公式如下：

$$\rho_{振实} = \frac{m_3 - m_{容器}}{V_3} \tag{2-12}$$

六、数据记录与结果处理

1. 数据记录

数据记录见表2-12～表2-16。

表2-12　真密度测定数据记录

粉体样品名称：________；实验室温度（℃）：________

比重瓶编号	比重瓶质量 M_1/g	比重瓶与粉体质量 M_2/g	比重瓶与液体的质量 W/g	比重瓶、剩余液体与粉体质量 R/g	粉体的真密度 ρ/g·cm^{-3}
1					
2					
3					
粉体真密度平均值/g·cm^{-3}					

表2-13　颗粒密度测定数据记录

粉体样品名称：________；实验室温度（℃）：________

比重瓶编号	比重瓶质量 M_1'/g	比重瓶与粉体质量 M_2'/g	比重瓶与液体的质量 W'/g	比重瓶、剩余液体与粉体质量 R'/g	粉体的颗粒密度 ρ/g·cm^{-3}
1					
2					
3					
粉体颗粒密度平均值/g·cm^{-3}					

表2-14　松装密度测定（自然堆积法）数据记录

粉体样品名称：________

实验次数	量筒质量 $m_{量筒}$/g	量筒与粉体质量 m_1/g	量筒体积 V_1/mL	粉体的松装密度 ρ/g·cm^{-3}
1				
2				
3				
粉体的松装密度平均值/g·cm^{-3}				

表2-15　松装密度测定（漏斗法）数据记录

粉体样品名称：________

实验次数	量杯质量 $m_{量杯}$/g	量杯与粉体质量 m_2/g	量杯体积 V_2/mL	粉体的松装密度 ρ/g·cm^{-3}
1				
2				
3				
粉体的松装密度平均值/g·cm^{-3}				

表 2-16 振实密度测定数据记录

粉体样品名称：________________

实验次数	测定容器质量 $m_{容器}$/g	测定容器与粉体质量 m_3/g	测定容器内粉体最终体积 V_3/mL	粉体的振实密度 ρ/g · cm^{-3}
1				
2				
3				
粉体的振实密度平均值/g · cm^{-3}				

2. 结果处理

(1) 真密度计算。根据式（2-9）进行计算，其中 $M=M_2-M_1$，先计算出粉体的真体积 V，再计算真密度 ρ。在计算时，需根据实验温度 T 查找蒸馏水的密度 L，将各数据代入式（2-9）计算出真密度值，结果保留至小数点后 3 位。

(2) 颗粒密度计算。根据式（2-13）进行计算，其中 $M'=M'_2-M'_1$，计算出颗粒体积 V' 和颗粒密度 ρ'。根据实验温度 T' 确定浸液密度 L'，计算结果保留至小数点后 3 位。

$$\rho' = \frac{M'}{(W' + M' - R')/L'} \tag{2-13}$$

(3) 堆积密度计算

1) 松装密度（自然堆积法）：根据式（2-10）进行计算，计算结果保留至小数点后 3 位。

2) 松装密度（漏斗法）：根据式（2-11）进行计算，计算结果保留至小数点后 3 位。

3) 振实密度：根据式（2-12）进行计算，计算结果保留至小数点后 3 位。

3. 对计算得到的真密度、颗粒密度、松装密度和振实密度结果进行分析和比较，讨论实验误差来源，如粉体的均匀性、操作过程中的人为因素、仪器的精度等对实验结果的影响，并提出改进措施。

4. 编写实验报告。

七、注意事项

1. 粉体真密度测定实验注意事项

(1) 确保粉体样品具有一定的代表性，若样品存在较大颗粒或团聚现象，需进行研磨、筛分等预处理，以保证测量的准确性；

(2) 样品应充分干燥，避免含有过多水分或挥发性成分，防止其影响测量结果；

(3) 比重瓶等仪器要洗净烘干，保证无杂质残留，以免影响测量精度；

(4) 浸液法中，浸液要选择对样品润湿且不溶解的液体，并需预先进行脱气处理，以排除气泡对测量结果的影响。如采用加热（煮沸）法和减压法，或两法同时并用进行真空脱气操作；

(5) 向比重瓶中加入样品和浸液时，要注意操作规范，避免液体溅出或样品分布不均匀；

(6) 测量过程中要注意温度的控制和测量，因为温度会影响浸液的密度及气体的体积等参数，进而影响真密度的计算结果。

2. 颗粒密度测定实验注意事项

（1）对于具有内部孔隙或吸水特性的颗粒，如PA尼龙等，不能直接测量，需对其进行处理，如将粒子按标准制作成塑胶板，减小内部孔隙，使密度值稳定；

（2）要保证样品的干燥性，避免水分对测量结果产生干扰；

（3）通常采用蒸馏水作为测量介质，也可更换为酒精等其他液体，但需准确设定其密度值；

（4）若使用酒精等挥发性液体，要注意防止其挥发对测量环境和结果的影响；

（5）使用前需对颗粒密度计进行校准，确保仪器的测量精度和准确性；

（6）要按照仪器的操作说明正确使用和操作，如将网球用酒精清洗后，放于水中吊栏中央并沉没在水中，再将玻璃杯放于测量台中央，然后按【ZERO】键归零等。

3. 堆积密度测定实验注意事项

（1）样品应具有代表性，且需进行干燥处理，去除水分和挥发性物质，防止其影响堆积效果和测量结果；

（2）若样品颗粒较大或存在团聚现象，需进行研磨、筛分等操作，使颗粒大小符合测量要求；

（3）堆积密度测定仪的漏斗、量筒等仪器部件要干净整洁，无杂质残留，并进行必要的校准和调试；

（4）根据样品的特性和量的多少，选择合适形状和尺寸的测量容器和量筒，确保其干净、无破损且符合测量要求；

（5）将样品缓慢倒入测量容器中，避免倾倒速度过快或过慢，防止颗粒的堆积状态受到影响，尽量使颗粒自然堆积形成稳定状态；

（6）倒入样品后，可轻轻振动或轻拍测量容器，促使颗粒在容器中自然堆积，但要注意力度适中，避免过度振动导致颗粒压实，影响测量结果；

（7）需等待足够的时间，直到颗粒自然堆积稳定，不再发生明显变化，方可记录堆积后的体积和质量，一般需要几分钟的时间；

（8）若采用漏斗流出样品的方式，要注意选择合适口径的漏斗，确保物料能够均匀自然地流出，避免因漏斗口径不合适造成的“被动流”，影响测试数据的真实性。

八、思考题

（1）在浸液法（比重瓶法）测定真密度时，为什么要选择对样品既能润湿又不溶解的液体？如果液体部分溶解样品，会对结果产生怎样的误差？

（2）比较3种密度（真密度、颗粒密度、堆积密度）测量实验，分别列出它们可能共有的误差来源和各自特有的误差来源，并分析每种误差对最终测量结果的影响方向（是使结果偏大还是偏小）。

（3）堆积密度的大小受颗粒形状、粒度分布的影响，从原理上解释为什么不规则形状和宽粒度分布的颗粒堆积密度与规则球形且粒度均匀的颗粒堆积密度会有所不同？

实验 8　固体废物有机质分析

一、实验背景

固体废物中的有机质是指固体废物中含有的生物体及残渣在不同降解阶段的各种产物和合成产物的总称，其中的含碳化合物即为固体废物中的有机质。固体废物中的有机质含量是衡量其生物可降解性和潜在资源价值的重要指标。了解固废有机质含量有助于我们更好地进行垃圾分类和资源化处理，促进可持续发展，对固体废物的处理和资源化利用具有重要意义。

在环境保护方面，固废有机质含量的高低直接关系到废弃物对环境的影响程度。高有机质含量的固废在堆积过程中易产生恶臭、渗滤液等污染物，对土壤、水体和大气造成污染。在资源循环利用方面，固废有机质含量是衡量废弃物资源化利用潜力的关键。高有机质含量的固废具有较高的热值和生物降解性，可用于生产生物肥料、生物质能等可再生能源。目前，我国尚未建立健全的固体废物有机质的监测方法，普遍借鉴土壤的监测方法，但土壤和固体废物的特性不同，因此有必要制定专门的测定方法。

二、实验目的

（1）了解固体废物中有机质的含量。
（2）掌握从固体废物中提取有机质的操作要点。
（3）了解固体废物中有机质含量测定的原理及方法。

三、实验原理

1. 容量法

容量法是一种基于化学反应的定量分析方法，利用已知浓度的过量氧化剂在加热条件下氧化有机质中的碳，生成二氧化碳和水。再用已知浓度的还原剂回滴剩下的氧化剂，根据氧化剂的消耗量计算出有机碳的含量。目前最常用的测定固体中有机质的方法是重铬酸钾容量法。基本原理为：已知浓度和已知体积的重铬酸钾溶液（$K_2Cr_2O_7$，氧化剂）在浓硫酸条件下，加热分解样品中的有机质，保证重铬酸钾不发生其他损失前提下，重铬酸钾与有机质之间完成定量分解反应。剩余的重铬酸钾溶液用硫酸亚铁（还原剂）溶液滴定，根据加入量减去剩余量计算出消耗量，进而推算出有机碳和有机质含量。具体氧化和回滴反应方程式如下：

重铬酸钾-浓硫酸溶液氧化有机碳：

$$K_2Cr_2O_7+8H_2SO_4+3C \longrightarrow 2K_2SO_4+2Cr_2(SO_4)_3+3CO_2\uparrow+8H_2O$$

硫酸亚铁对剩余重铬酸钾溶液滴定：

$$K_2Cr_2O_7+6FeSO_4+7H_2SO_4 \longrightarrow K_2SO_4+Cr_2(SO_4)_3+3Fe_2(SO_4)_3+7H_2O$$

亚铁离子滴定重铬酸钾溶液时使用的指示剂为邻啡啰啉，与不同价态的铁络合时显示不同颜色。具体络合形式如下：

$$[(C_{12}H_8N_2)_3Fe]^{3+}+e \longrightarrow [(C_{12}H_8N_2)_3Fe]^{2+}-e$$

2. 燃烧法

燃烧法是测定有机质含量的另一种方法，该法是测定固体废物有机质中的碳经灼烧后造成的固体废物失重，其中灼烧温度是影响测定结果的重要因素。该方法只需对灼烧前后的样品进行称量，烧灼前后样品质量的变化即为燃烧的有机质。

四、仪器及试剂

1. 容量法

（1）主要仪器与设备：水浴锅（见图 2-9）。

图 2-9　水浴锅

（2）主要药剂：硫酸（密度 1.84 g/mL）、硫酸溶液（1+1）、重铬酸钾-硫酸溶液（$c(1/6K_2Cr_2O_7) = 0.4$ mol/L）、重铬酸钾基准溶液（$c(1/6K_2Cr_2O_7) = 0.25$ mol/L）、硫酸亚铁铵（或硫酸亚铁）标准滴定溶液（$c(Fe^{2+}) = 0.25$ mol/L）、邻菲啰啉指示剂溶液、二氧化硅。

2. 燃烧法

（1）主要仪器与设备：高温马弗炉、瓷坩埚、干燥器。

（2）主要药剂：无须特定化学试剂。

五、实验步骤

1. 容量法

（1）样品准备：取适量固体废物样品，经过研磨、过筛等预处理后，准确称取一定质量的样品置于 250 mL 三角瓶中。

（2）加入试剂：向三角瓶中加入适量的硫酸和重铬酸钾-硫酸溶液，摇匀后盖上瓶盖。

（3）加热消煮：将盛有试样的三角瓶置于沸水中保温 30 min，取下冷却。如煮沸后的溶液呈绿色，表示重铬酸钾用量不足，应再称取较少的试样重做。

（4）冷却滴定：取下三角瓶，冷却至室温；用水冲洗三角瓶，瓶中溶液总体积应控制在 75～100 mL，加 3～5 滴邻菲啰啉指示剂，用硫酸亚铁铵（或硫酸亚铁）标准滴定溶液滴定，被滴定溶液由橙色转为亮绿色，最后变成砖红色为滴定终点，如图 2-10 所示。记录硫酸亚铁铵（或硫酸亚铁）标准滴定溶液用量（V）。

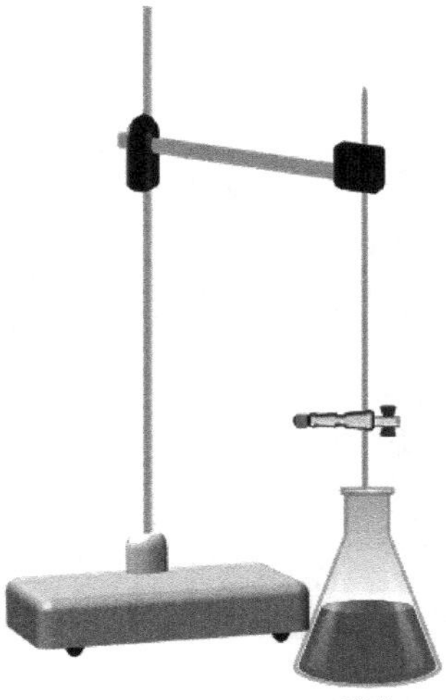

图 2-10　硫酸亚铁铵滴定重铬酸钾消解液

（5）空白实验：每批分析时，必须做 2~3 个空白标定；空白标定不加试样，但加入与称取试样重量一致的二氧化硅 0.01~0.5 g，其他步骤与测定试样时完全相同，记录硫酸亚铁铵（或硫酸亚铁）标准滴定容量用量（V_0）。

（6）固体废物中有机质的计算：测定固体废物有机质（以碳计）含量 w，计算公式如下：

$$w=[(V_0-V)c\times 0.003\times 1000]/m \tag{2-14}$$

式中　w——干基有机质（以碳计）含量，mg/g；

V_0——空白滴定时消耗硫酸亚铁铵（或硫酸亚铁）标准溶液的体积，mL；

V——测定试样时消耗硫酸亚铁铵（或硫酸亚铁）标准溶液的体积，mL；

c——硫酸亚铁铵（或硫酸亚铁）标准溶液的浓度，mol/L；

0.003——与 1.00 mL 的浓度为 1.00 mol/L 硫酸亚铁铵（或硫酸亚铁）标准滴定溶液相当的碳质量，g/mol；

m——烘干试样质量，g；

1000——单位折算倍数。

2. 燃烧法

（1）样品准备：在已于 600 ℃下灼烧至质量恒定的带盖瓷坩埚中称取烘干试样 0.5 g（精确至 0.0001 g），将坩埚盖好，轻轻振动以便试样铺平。

（2）灼烧冷却：将坩埚放入预先加热到 600 ℃的高温马弗炉中灼烧 30 min 后，如图 2-11 所示，取出坩埚移入干燥器中，冷却后称重。

（3）固体废物中有机质的计算：燃烧法测定固体废物有机质含量χ，计算公式如下：

$$\chi=(m_0-m_1)/m\times 1000 \tag{2-15}$$

式中　χ——干基有机质含量，mg/g；

m_0——坩埚加烘干样品重，g；

m_1——坩埚加灼烧后样品重，g；

m——烘干样品重，g；

1000——单位折算倍数。

图 2-11　马弗炉中灼烧样品过程示意图

六、数据记录与结果处理

（1）数据记录

1）容量法。记录滴定样品及空白实验中所消耗硫酸亚铁铵（或硫酸亚铁）标准溶液的体积（见表 2-17）。

表 2-17　试验数据记录

序号	滴定样品所用标准液体积/mL	空白实验所用标准液体积/mL	有机质含量 w/%
1			
2			
3			
4			
5			
6			

2）燃烧法。对样品+坩埚总质量在灼烧前后进行精确称量，至小数点后 4 位，并记录数据（见表 2-18）。

表 2-18　试验数据记录

序号	样品+坩埚灼烧前的质量 m_0/g	样品+坩埚灼烧后的质量 m_1/g	有机质含量 X/%
1			
2			
3			
4			
5			
6			

（2）依据式（2-13）与式（2-14），分别求得各方法下的有机质含量。
（3）编写实验报告。

七、注意事项

1. 容量法
（1）确保重铬酸钾溶液和硫酸亚铁铵溶液的浓度准确，试剂需定期标定。
（2）滴定操作需快速，以减少环境氧化对结果的干扰。
2. 燃烧法
（1）控制灼烧温度和时间，避免矿物质分解导致结果偏高。
（2）样品需充分干燥，减少水分对质量损失的影响。

八、思考题

（1）固体废物中有机质提取应该注意什么？
（2）简述容量法和燃烧法各自的优缺点。

第三章　固体废物无害化技术实验

实验 9　磷石膏中磷氟的赋存及淋洗

一、实验背景

磷石膏是磷化工企业硫酸分解磷矿生产磷酸所产生的一种固体废弃物，其主要成分为二水硫酸钙，还含有少量半水硫酸钙、无水硫酸钙及各种含磷、氟化合物、有机杂质和其他难溶化合物。每生产 1 吨磷酸会产生 4～5 吨磷石膏，产量巨大。我国作为磷肥生产大国，磷石膏的年排放量数以千万吨计，大量磷石膏的堆存不仅占用大量土地资源，还带来了一系列环境问题。磷石膏中含有多种杂质，其中磷和氟是主要的杂质元素。这些杂质的存在严重影响了磷石膏的资源化利用，如在建筑材料领域应用时，磷和氟可能会渗出，导致材料性能下降和环境污染。因此，深入研究磷石膏中磷氟的赋存状态及探索有效的淋洗方法对于磷石膏的资源化利用和环境保护具有重要意义。

二、实验目的

（1）了解磷石膏中磷氟的赋存形态。
（2）优化磷氟淋洗工艺条件。
（3）评估淋洗前后磷石膏的性质变化。
（4）了解淋洗废液的处理与回用可能性。

三、实验原理

1. 磷氟在磷石膏中的赋存原理

（1）磷的赋存

在磷石膏形成过程中，部分未反应完全的磷酸与硫酸钙结合，形成溶解度较低的磷酸钙盐，如磷酸氢钙等，这些盐类可能包裹在硫酸钙晶体表面或夹杂在晶体之间。同时，少量磷酸根离子可能吸附在硫酸钙晶体的表面活性位点上，可表示为：

$$CaSO_4+H_3PO_4 \longrightarrow CaHPO_4+H_2SO_4$$（未完全反应情况）

（2）氟的赋存

氟主要来源于磷矿石中的氟磷灰石，在磷酸生产过程中，氟以氟化氢气体形式逸出，部分与磷石膏中的钙离子反应生成氟化钙沉淀，氟化钙晶体可能分散在磷石膏中或与硫酸钙晶体共生，反应式为：

$$CaF_2+H_2SO_4 \longrightarrow CaSO_4+2HF$$

磷矿石中氟磷灰石与硫酸反应产生氟化氢，部分氟化氢与钙离子反应生成氟化钙沉淀在磷石膏中。

2. 淋洗去除磷氟的原理

（1）酸性淋洗

当使用酸性淋洗剂（如硫酸）时，淋洗剂中的氢离子与磷石膏中的磷氟化合物发生反应。对于磷杂质，氢离子与磷酸钙盐反应，使其溶解并释放出磷酸根离子进入淋洗液中，反应式如下：

$$CaHPO_4+2H^+ \longrightarrow Ca^{2+}+H_3PO_4$$

对于氟杂质，氟化钙在酸性条件下会溶解，生成氟离子进入溶液。

$$CaF_2+2H^+ \longrightarrow Ca^{2+}+2F^-$$

（2）碱性淋洗

采用碱性淋洗剂（如氢氧化钠），氢氧根离子与磷石膏中的磷酸根离子反应生成磷酸盐沉淀，从而将磷从磷石膏中去除，反应式为：

$$H_3PO_4+3OH^- \longrightarrow PO_4^{3-}+H_2O$$

$$Ca^2+PO_4^{3-} \longrightarrow Ca_3(PO_4)_2 \downarrow$$

对于氟杂质，碱性条件下可能会形成氟化物络合物，降低氟在磷石膏中的稳定性，使其更容易被淋洗出来。

四、仪器与试剂

仪器：电子天平、恒温振荡器、离心机、紫外分光光度计。

试剂：硫酸、氢氧化钠、磷标准溶液、氟标准溶液、过硫酸钾、抗坏血酸、钼酸铵、乙酸钠、乙酸、丙酮、硝酸镧、氟试剂。

五、实验步骤

1. 样品采集与预处理

实验用磷石膏取自某磷石膏堆场，将样品在室温下自然风干后用研钵研磨至细小颗粒状，筛选0.074~0.106 mm（150~200目）样品储存于干燥器中备用。

2. 制备磷标准曲线

向7支50.0 mL比色管中分别加入0 mL、0.5 mL、1.0 mL、3.0 mL、5.0 mL、10.0 mL、15.0 mL质量浓度为2.0 μg/mL的磷酸盐标准溶液，加去离子水稀释至标线，分别加入1.0 mL质量浓度为10.0 g/L的抗坏血酸溶液混匀，再加入2.0 mL质量浓度为26.0 g/L的钼酸铵溶液，充分混匀，室温下放置15 min显色，使用紫外可见光光度计在700 nm波长下，以水作空白对照组调零，测定吸光度。以磷含量（μg）为横坐标，对应的吸光度A值为纵坐标，绘制标准曲线，拟合得到标准曲线方程。

3. 制备氟标准曲线

在6个25 mL容量瓶中分别加入氟化物标准溶液（$\rho_F=2$ μg/mL）0 mL、1.0 mL、2.0 mL、4.0 mL、6.0 mL、8.0 mL，加入去离子水至10.0 mL，准确加入10.0 mL混合显色剂（0.001 mol/L氟试剂溶液3 mL+乙酸钠-乙酸缓冲溶液1 mL+丙酮3 mL+0.001 mol/L硝酸镧溶液3 mL），用去离子水稀释至刻度摇匀，放置30 min用10 mm比色皿于620 nm波长处，以纯水为参比调零，测定吸光度。以氟化物含量（μg）为横坐标，对应的吸光度 A 值为纵坐标，绘制标准曲线，拟合得到标准曲线方程。

4. 淋洗实验

（1）称取 1.0 g 经过预处理的磷石膏样品，置于 50 mL 离心管中，分别加入 30 mL 浓度为1%的硫酸和氢氧化钠溶液，放入恒温振荡器中，设定温度为 25 ℃，250 r/min 下转 30 min，完成后取出离心，根据以上步骤分别测定上清液中磷和氟的吸光度（注意：测磷含量时，在测定液中加入 50 g/L 过硫酸钾 4 mL，150 ℃下消解 30 min 后进行后续操作）。每组淋洗液设定 3 组平行实验。

（2）称取 1.0 g 经过预处理的磷石膏样品，置于 50 mL 离心管中，分别加入 30 mL 浓度（质量分数）为 1%、5%、10%、20%的硫酸和氢氧化钠溶液，放入恒温振荡器中，设定温度为 25 ℃，250 r/min 下转 30 min，完成后取出离心，测定方法同上。

六、数据记录与结果处理

（1）在表 3-1 中记录磷标准浓度吸光度；

（2）在表 3-2 中记录氟标准浓度吸光度；

（3）记录不同淋洗剂测定得到的磷氟吸光度（见表 3-3）；

（4）绘制标准曲线，根据标准曲线分别计算不同洗脱液中的磷氟浓度（见表 3-4）。

表 3-1　磷标准曲线记录

标准使用液/mL	0	0.5	1	3	5	10	15
总磷含量/μg	0	1	2	6	10	20	30
校正吸光度 A_P							

表 3-2　氟标准曲线记录

标准使用液/mL	0	1	2	4	6	8
总氟含量/μg	0	2	4	8	12	16
校正吸光度 A_F						

表 3-3　磷石膏洗脱液磷氟含量记录

洗脱液	硫酸			氢氧化钠		
	1-1	1-2	1-3	2-1	2-2	2-3
磷吸光度 A_P						
磷浓度/$mg \cdot mL^{-1}$						
氟吸光度 A_F						
氟浓度/$mg \cdot mL^{-1}$						

表 3-4　磷石膏不同浓度洗脱液磷氟含量记录

洗脱液	硫酸				氢氧化钠			
	1%	5%	10%	20%	1%	5%	10%	20%
磷吸光度 A_P								
磷浓度/mg · mL^{-1}								
氟吸光度 A_F								
氟浓度/mg · mL^{-1}								

七、注意事项

（1）注意操作安全，特别是使用强酸强碱时，要严格按照操作规程进行，防止因操作导致伤害；

（2）在实验前要对分析天平等仪器进行校准，保证其测量数据的准确性；

（3）实验过程中产生的废弃物，需要妥善处理避免对环境造成污染。

八、思考题

（1）如何对实验方案进行优化，提升磷氟的淋洗效率和效果？

（2）经过淋洗后的磷石膏，杂质含量降低，性能得到一定改善，如何更好地将其应用于不同领域，实现变废为宝？

实验 10　磷石膏中可溶磷、氟固化

一、实验背景

磷石膏中氟含量为 0.1%~0.7%，磷含量为 0.4%~1.8%。磷石膏中磷以 3 种形态存在：可溶性磷、共晶磷和不溶性磷。其中可溶性磷以磷酸根的形式存在，可与钙离子产生惰性磷酸钙，延缓水化速度，降低建筑材料的强度。氟以两种形式存在，包括可溶性氟 NaF 和不溶性氟 CaF_2、Na_2SiF_6。堆存过程中，可溶性氟可随雨水进入土壤，进而进入人体，造成骨质疏松等疾病，危害极大。此外，氟杂质可缩短磷石膏凝固时间，导致石膏的硬度和密度减小。可溶性磷和氟使磷石膏呈酸性，对产品和设备造成腐蚀。这些特性使得磷石膏无法直接取代天然石膏。因此，对磷石膏中可溶磷、可溶氟进行去除，不仅有利于磷石膏的安全储存，也有利于磷石膏作为原料的进一步应用。

目前，石灰中和法、水洗法、焙烧法和酸浸法是磷石膏除磷除氟的主要工艺。水洗工艺对磷石膏中的可溶性磷和可溶性氟的去除效果好，操作简单，但耗水量和能耗高，可能造成环境二次污染。焙烧是去除磷石膏中共晶磷的有效方法。然而，由于高能耗和产生的可挥发性氢氟酸，应用受到限制。酸浸可以实现良好的除磷除氟，但其他组分也会在酸性溶液中共溶，导致酸耗高、磷石膏损耗高。与上述方法相比，石灰中和法具有投资少、工艺简单、危险性低、效果显著等优点，能与磷石膏中的可溶磷、可溶氟发生中和反应，实现可溶磷、可溶氟固化与去除，是非水洗预处理磷石膏的首选工艺，特别适用于品质较稳定、有机物含量较低的磷石膏。

二、实验目的

(1) 了解磷石膏的来源、组成及石灰中和法的原理。
(2) 掌握石灰中和法的操作要点及适用范围。
(3) 掌握磷石膏中可溶磷可溶氟的检测原理及方法。

三、实验原理

石灰中和法是通过加入生石灰等碱性物质中和磷石膏中的可溶性磷、可溶性氟等杂质，使其转化为惰性盐，从而消除可溶磷、氟对磷石膏胶结材的不利影响，使磷石膏胶结材凝结硬化趋于正常。生石灰与可溶磷和可溶氟之间的反应方程式如下所示：

$$P_2O_5+3H_2O+3CaO \longrightarrow Ca_3(PO_4)_2\downarrow+3H_2O$$

$$2F^-+CaO+H_2O \longrightarrow CaF_2\downarrow+2OH^-$$

随着石灰用量的增大，磷石膏中可溶磷和可溶氟的脱除率呈先上升后趋于平稳的趋势。当石灰用量从 0.1%增加到 0.2%时，可溶磷和可溶氟的脱除率缓慢增加；当石灰用量继续增加到 0.4%时，可溶磷和可溶氟的脱除率增速增加，具体可达 97.31%、31.87%；继续增加石灰用量，可溶磷和可溶氟的脱除率变化不大。磷石膏胶结材性能对预处理的石灰掺量较敏感，偏离适宜掺量范围会使胶结材强度大幅度降低。控制好石灰掺量是石灰中和预处理的关键。石灰掺量按以下方法确定：由可溶磷、氟含量计算出与之反应的等当量

CaO 量，再按石灰有效钙含量计算出石灰掺量。

四、仪器及试剂

主要仪器与设备：紫外分光光度计、氟离子电极、烧杯、玻璃棒、容量瓶、漏斗、聚乙烯瓶、胶头滴管。

主要药剂：生石灰、浓硝酸、浓盐酸、偏钒酸铵、钼酸铵、柠檬酸、柠檬酸三钠、溴甲酚绿、无水乙醇、氢氧化钠、磷酸二氢钾、氟化钠。

五、实验步骤

1. 实验流程

将磷石膏在（40±2）℃下干燥至恒重，按《磷石膏中磷、氟的测定方法》（JC/T 2073—2011）测量磷石膏中可溶磷、可溶氟的含量。将 10 g 磷石膏与一定含量的 CaO 和水混合，在室温下密封振荡 2 h，过滤，过滤后磷石膏样品在（40±2）℃下干燥至恒重（见图 3-1）。根据国标测试可溶磷、可溶氟含量，计算可溶性磷和可溶性氟去除率。

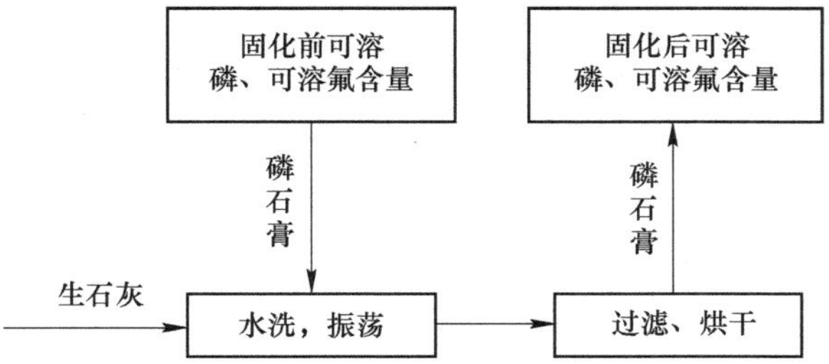

图 3-1　磷石膏固化流程

2. 溶液配制

（1）硝酸溶液：1+1。

（2）硝酸溶液：1+5。

（3）盐酸溶液：1+1。

（4）1.0 mg/mL 五氧化二磷（P_2O_5）标准溶液：计算配制 1 L 1.0 mg/mL 的五氧化二磷标准溶液需磷酸二氢钾（KH_2PO_4）1.9175 g，称量磷酸二氢钾 1.9175 g 于烧杯中溶解，加 2~3 mL 浓硝酸，冷却后转移至 1000 mL 容量瓶，定容。

（5）0.1 mg/mL 氟标准溶液：计算配制 1 L 0.1 mg/mL 氟标准溶液需氟化钠（NaF）0.221 g，称量氟化钠 0.221 g 于烧杯中溶解，冷却后转移至 1000 mL 容量瓶，定容，贮存于聚乙烯瓶中。

（6）磷显色剂：称取 7.88 g 分析纯偏钒酸铵于 640 mL 硝酸溶液（1+1）中，转移至 1000 mL 容量瓶，定容；称取 102.6 g 分析纯钼酸铵在烧杯中溶解，转移至 1000 mL 容量瓶，定容；等体积混匀。

（7）柠檬酸-柠檬酸钠缓冲溶液：计算配制 1 L 柠檬酸-柠檬酸钠缓冲溶液需 24.0 g 柠檬酸、270.0 g 柠檬酸三钠，称取 24.0 g 柠檬酸、270.0 g 柠檬酸三钠于烧杯中，加水溶解，并转移至 1000 mL 容量瓶中，定容。

（8）溴甲酚绿指示剂：计算配制 100 mL 溴甲酚绿指示剂需 0.1 g 溴甲酚绿，称取 0.1 g 溴甲酚绿溶于 20 mL 无水乙醇，转移至 100 mL 容量瓶，定容。

（9）氢氧化钠溶液：计算配制 1 L 5 mol/L 氢氧化钠需 200 g 氢氧化钠，称取 200 g 氢氧化钠于烧杯中溶解，转移至 1000 mL 容量瓶中，定容，贮存于聚乙烯瓶内。

3. 检测方法

（1）磷标准曲线的绘制。分别移取 1.0 mL、2.0 mL、3.0 mL、5.0 mL、10. 0 mL 1.0 mg/mL 五氧化二磷（P_2O_5）标准溶液于 100 mL 容量瓶中，加入 10 mL 硝酸溶液（1+1）、40 mL 水，摇匀，加入 15 mL 显色剂，定容（相当于每 100 mL 溶液中含五氧化二磷（P_2O_5）1.0 mg、2.0 mg、3.0 mg、5.0 mg、10.0 mg）静置 30 min。空白实验除不加标样外，其余同上，用于调整分光光度计的透光率为 100%。用分光光度计在主波长 480 nm、副波长 500 nm 处测定，记录吸光度 ΔA_i，精确至 0.001。以五氧化二磷（P_2O_5）含量为横坐标，ΔA_i 为纵坐标，绘制标准曲线，得到吸光度 ΔA_i 回归方程。

（2）氟标准曲线的绘制。分别移取 1.0 mL、2. 0mL、3.0 mL、5.0 mL 氟标准溶液于 50 mL 容量瓶中，加入盐酸溶液（1+1）1 mL，加入 5 滴柠檬酸-柠檬酸钠缓冲溶液和 2 滴溴甲酚绿指示剂，用氢氧化钠溶液中和至溶液呈蓝色，用硝酸溶液（1+5）调节溶液呈黄色，加入 20 mL 柠檬酸-柠檬酸钠缓冲溶液，定容（相当于 50 mL 中含氟（F^-）0.1 mg、0.2 mg、0.3 mg、0.5 mg），倒入干燥的 50 mL 烧杯中。插入氟离子选择性电极和饱和甘汞电极，打开磁力搅拌器恒速搅拌 2 min，停搅 30 s，测量平衡时电位值，以电位值（mV）为纵坐标，相应的 50 mL 中含氟量（mg）的对数为横坐标，绘制工作曲线，计算回归方程。

称取 5 g 干燥至恒重后的磷石膏，精确至 0.0001 g，放入研钵，加水 50 mL，在研钵中研磨 15 min，将研磨后的试样全部转移到 250 mL 容量瓶中定容，静置 30 min 后用中速定性滤纸进行过滤，为溶液 A。移取 50 mL 溶液 A 于 100 mL 容量瓶中，加入 10 mL 浓硝酸，20 mL 水，摇匀，加入 15 mL 显色剂，定容，静置 30 min。用分光光度计在主波长 480 nm、副波长 500 nm 处测定，读取吸光度 ΔA，精确至 0.001。用吸光度 ΔA 在标准曲线上查得或由回归方程计算出五氧化二磷（P_2O_5）的质量。水溶性五氧化二磷（P_2O_5）含量以质量分数表示，计算公式如下：

$$w = 0.1c \tag{3-1}$$

式中　w——试料的水溶性五氧化二磷（P_2O_5）含量，%；

c——从曲线上查得或回归方程计算的五氧化二磷（P_2O_5）的质量，mg。

移取 10 mL 溶液 A 于 50 mL 容量瓶中，加入 5 滴柠檬酸-柠檬酸钠缓冲溶液和 2 滴溴甲酚绿指示剂，用氢氧化钠溶液中和至溶液呈蓝色，用硝酸溶液（1+5）调节溶液呈黄色，加入 20 mL 柠檬酸-柠檬酸钠缓冲溶液，定容，倒入干燥的 50 mL 烧杯中。插入氟离子选择性电极和饱和甘汞电极，打开磁力搅拌器恒速搅拌 2 min，停搅 30 s，测量平衡时电位值，在工作曲线上查出或由回归方程计算出氟（F^-）的质量。水溶性氟（F^-）含量以质量分数表示，计算公式如下：

$$w_1 = 0.5c_1 \tag{3-2}$$

式中　w_1——试料的水溶性氟（F^-）含量，%；

c_1——从工作曲线上查得的或回归方程计算的氟（F^-）质量，mg。

六、数据记录与结果处理

（1）测试并记录磷石膏初始可溶磷、可溶氟含量（见表 3-5）；

（2）改变生石灰投加量，并测试记录磷石膏固化后的可溶磷可溶氟含量；

（3）依据式（3-1）和式（3-2），计算并记录磷石膏可溶磷可溶氟的去除率；

（4）编写实验报告。

表 3-5　试验数据记录

序号	生石灰投加量/g	初始可溶磷含量/$mg \cdot g^{-1}$	初始可溶氟含量/$mg \cdot g^{-1}$	固化后可溶磷含量/$mg \cdot g^{-1}$	固化后可溶氟含量/$mg \cdot g^{-1}$	可溶磷去除率/%	可溶氟去除率/%
1							
2							
3							
4							
5							
6							

七、注意事项

（1）研磨过程不宜过快，研磨完毕转移过程需转移完全，不能有残留；

（2）称量磷石膏、配制溶液时要保证称量的准确；

（3）滤液集中处理，不能直接倒入下水道。

八、思考题

（1）磷石膏的危害以及我国磷石膏无害化现状。

（2）经无害化处理后磷石膏综合利用的方法和途径。

实验11 有机污染土壤的热脱附

一、实验背景

随着工业化、城市化进程的加速，我国土壤有机污染问题越发严重。大量的工业废水排放、农药和化肥的过度使用、石油化工产品的泄漏及有机废弃物的不当处置等，致使土壤中有机污染物的种类与含量不断攀升。这些有机污染物包含多环芳烃、农药、石油烃、多氯联苯等，它们具有毒性强、难降解、易在生物体内累积等特性，对生态环境的平衡和人类健康构成了极为严重的威胁。在众多土壤有机污染修复技术中，热脱附技术因其独特的优势而占据重要地位。热脱附是一种通过直接或间接加热污染土壤，使其中的有机污染物挥发或分离的物理修复方法，具有处理效率高、速度快、适用范围广等显著优点。能够有效处理挥发性和半挥发性有机污染物，对不同类型、不同含水率的土壤质地具有较好的适应性，可广泛应用于工业污染场地、石油化工污染土壤、农药污染土壤等多种有机污染土壤的修复。热脱附技术还具有二次污染风险相对较低的特点，通过合理设计和优化工艺参数，可以实现对尾气和残渣的有效处理，减少对环境的负面影响。因此，热脱附技术在土壤修复领域发挥着关键作用，为解决土壤有机污染问题提供了一种可行且有效的途径，对推动我国土壤环境保护和生态修复工作具有重要意义。

二、实验目的

(1) 了解探究热脱附对有机污染物的去除效能。

(2) 了解热脱附的工艺参数。

(3) 评估热脱附处理后土壤的质量与再利用潜力。

三、实验原理

热脱附是基于物质的挥发性差异，通过加热污染土壤，使有机污染物从固相转移至气相，从而实现与土壤的分离。在加热过程中，有机污染物会发生一系列复杂的物理化学变化。

1. 挥发与解吸

当温度升高时，有机污染物分子克服了分子间的作用力及与土壤颗粒表面的吸附力，其蒸气压逐渐增大，当蒸气压超过周围环境的压力时，污染物就会挥发进入气相。土壤颗粒表面存在对有机污染物的吸附作用，这种吸附作用是一个动态平衡过程。当温度升高时，吸附平衡被打破，解吸过程占据主导地位。有机污染物分子从土壤颗粒表面解吸进入土壤孔隙中的气相。

2. 热解反应

在较高温度下，部分有机污染物在高温下发生化学键断裂，分解为小分子物质。对于复杂的有机污染物，如一些长链烃类或含杂原子的有机化合物，高温提供了足够的能量使化学键断裂。

3. 传质过程

在热脱附过程中，解吸进入土壤孔隙气相中的有机污染物需要通过扩散作用向土壤外部迁移。在土壤孔隙中，有机污染物分子从高浓度区域（靠近土壤颗粒表面）向低浓度区域（孔隙中心及外部）扩散。

四、仪器与试剂

仪器：电子天平、堆体热脱附装置、高效液相色谱。

试剂：甲苯、双对氯苯基三氯乙烷、氯吡硫磷、萘。

五、实验步骤

1. 实验装置

堆体热脱附装置可大致分为土壤堆体、加热系统蒸汽抽提系统及尾气和水处理系统，如图 3-2(a) 所示。堆体建设需要考虑堆体的稳定、保温、废水废气不泄漏等因素。热脱附堆体主要包括土壤堆体、四周的侧壁结构、垂直方向上的隔热侧壁板、堆体垫层和堆体表面覆盖层，如图 3-2(b) 所示。

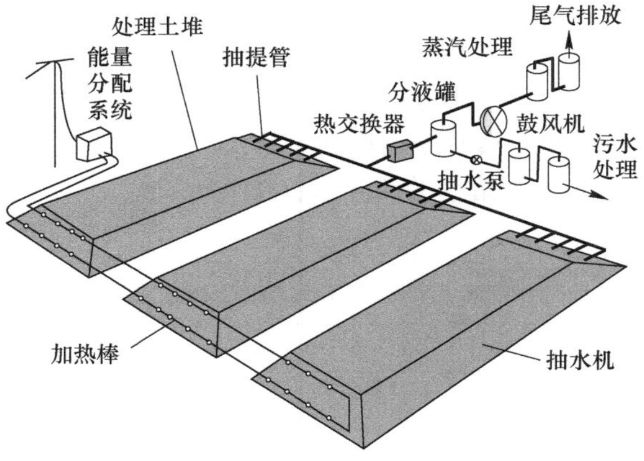

(a)

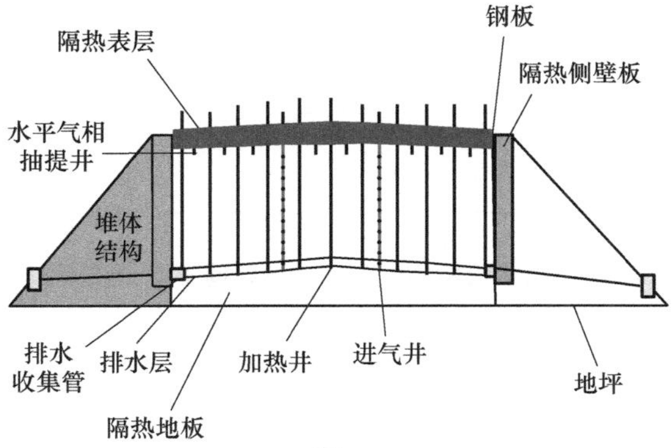

(b)

图 3-2　堆体热脱附结构图（a）和热脱附堆体结构（b）

2. 土壤样本采集和预处理

在未被污染的土壤场地，使用不锈钢土钻，在不同深度和位置采集适量的土壤样本。自然风干后研磨筛分至0.074~0.106 mm（150~200目）粒径备用。

3. 堆体热脱附实验

（1）温度影响

分别称取6组50 g土壤样本，按以上装置装填完成后，加入10 mL 5 mg/L的甲苯，设定温度分别为50 ℃、100 ℃、150 ℃、200 ℃、250 ℃、300 ℃，60 min后，通过高效液相测定溶液浓度。用双对氯苯基三氯乙烷、氯吡硫磷、萘替代甲苯，其他条件保持不变，重新进行实验，并对脱附处理后的土壤产物进行称重。

（2）反应时间影响

分别称取4组50 g土壤样本，按以上装置装填完成后，加入5 mg/L甲苯，设定温度为150 ℃，分别在30 min、60 min、90 min、120 min后，通过高效液相测定溶液浓度。用双对氯苯基三氯乙烷、氯吡硫磷、萘替代甲苯，其他条件保持不变，重新进行实验。并对脱附处理后的土壤产物进行称重。

六、数据记录

（1）在表3-6中记录温度实验数据；

（2）在表3-7中记录反应时间实验数据；

（3）在表3-8中记录各组土壤热脱附后的质量；

（4）计算热脱附法对各有机溶剂的脱除率；

（5）完成实验报告。

表3-6 不同有机污染物在不同温度下剩余浓度数据记录

反应温度	有机污染物			
	甲苯	双对氯苯基三氯乙烷	氯吡硫磷	萘
50 ℃				
100 ℃				
150 ℃				
200 ℃				
250 ℃				
300 ℃				

表3-7 不同有机污染物在不同反应时间下剩余浓度数据记录

反应时间	有机污染物			
	甲苯	双对氯苯基三氯乙烷	氯吡硫磷	萘
30 min				
60 min				
90 min				
120 min				

表 3-8　热脱附后土壤质量记录

反应条件	有机污染物			
	甲苯	双对氯苯基三氯乙烷	氯吡硫磷	萘
50 ℃				
100 ℃				
150 ℃				
200 ℃				
250 ℃				
300 ℃				
30 min				
60 min				
90 min				
120 min				

七、注意事项

（1）热脱附过程产生的尾气不能直接排入空气中，需要进行尾气处理，如接入活性炭吸附处理；

（2）热脱附处理后的土壤收集过程中要避免土壤产物受到外界杂质的污染，影响其质量分析结果；

（3）在实验过程中，操作人员务必佩戴耐高温手套、护目镜等防护装备，避免皮肤直接接触高温设备和烫伤。

八、思考题

（1）土壤中不同有机污染物的热脱附效率差异主要与什么因素有关？

（2）针对不同有机污染土壤，如何调整热脱附装置和工艺参数？

（3）通过热脱附处理后的土壤功能如何？

实验 12　废阴极炭块碱浸提炭

一、实验背景

电解铝工业是国民经济的基础产业，在当今社会发展中起到重要作用。据国家统计局数据公布，2024 年我国电解铝累计产量为 4400.5 万吨，而且仍然呈快速增长的势头。目前，我国电解铝厂主要采用大型预焙阳极电解槽，大修时电解槽内衬需更换，主要包括底部阴极炭块、耐火砖、保温砖、防渗材料及侧部的碳化硅砖。阴极炭块中一般含有约 70% 的 C 和 30%的电解质，主要为石墨型碳、Na_3AlF_6、氧化铝、氟化钠、氟化钙、氟化锂等。铝电解槽废阴极炭块是铝电解工业中不可避免的废料。有资料表明，平均每产 1 t 电解铝就产生 40 kg 左右的阴极废弃物质。阴极废弃物中的有毒物质已超过国家直接排放标准。如果将废旧阴极炭块直接堆弃，其有毒物质会溶解在地下水资源中，污染大面积地下水资源，危害动植物生长，甚至会使水产业和农业生态失衡，导致农作物产量及品质严重下降。除此之外阴极废弃物中还含有大量的炭及其他有价物质。全世界每年产生超过 150 万吨的废旧阴极内衬。如果能合理地处理和利用，将是对环境保护极大的贡献。因此，从电解铝废阴极炭块中高效回收炭等有价物质具有很大的经济价值和环境效益。

二、实验目的

（1）了解电解铝工业废阴极炭块的组成、产生原因。

（2）掌握废阴极炭块碱浸提炭工艺的操作要点及适用范围。

（3）了解有效碳含量快速测定原理及方法。

三、实验原理

铝电解废旧阴极炭块从最开始的直接填埋到现在的无害化处理及有价物质回收，国内外工艺主要分为两类：一是将废旧阴极作为其他工业原料的替代品；二是回收炭及渗透到废旧阴极中的电解质循环用于铝生产工业。近几年来全球不少学者在此方面做了研究，其中所采取的技术原理大致为：（1）利用废旧阴极炭块中各组分的物理性质不同，从而分离各组分物质，如浮选法；（2）利用化学手段浸出阴极炭块中的电解质从而分离出炭；（3）采用高温分解有毒物质或者直接燃烧法处理。

铝电解废旧阴极炭块中主要含有 C、Na_3AlF_6、α-Al_2O_3、β-Al_2O_3、NaF、CaF_2 等，其中，Na_3AlF_6 是废旧阴极中含量很高的电解质。化学法能有效处理废旧阴极炭块中的有毒物质，并且能回收炭及其他有价物质。碱浸出能使其溶解到碱浸出液中，从而脱离固体混合物，使混合物的成分变少，而碳的比例提高。Al_2O_3 也可以与 NaOH 反应而从原料中分离，其他可溶于水的氟化物等都会进入到碱浸出液中，而原料由于这些成分的分离而提高碳的纯度。在碱性环境中，最终生成碱性物。有害气体不能挥发出体系。所以碱浸出反应主要是选择性地浸出冰晶石及易溶电解质和限制有害物。涉及的主要化学反应式如下：

$$Na_3AlF_6+4NaOH \longrightarrow NaAl(OH)_4+6NaF$$

$$Al_2O_3+2NaOH+3H_2O \longrightarrow 2NaAl(OH)_4$$

四、仪器及试剂

主要仪器与设备：烧杯、锥形瓶、电子天平、容量瓶、集热式磁力搅拌器、真空过滤机、真空干燥箱、马弗炉、坩埚。

主要药剂：氢氧化钠。

五、实验步骤

1. 样品制备

试验所用样品是来自辽宁某厂的废旧阴极炭块，样品呈黑色块状。在将矿物晾干以后，用破碎机进行破碎，并对破碎的样品进行进一步的研磨、筛分，选取-0.1 mm 试验样品进行后续浸出试验。

2. 碱浸试验

分别称取 10 g 原料加入烧杯中，用 50 mL 水溶解 6 g NaOH，配成 100 g/L 的溶液，加入到装原料的烧杯中，搅拌均匀，补水至液固比 6∶1，然后将混合物转移到锥形瓶中，采用磁力搅拌，在浸出温度分别为 60 ℃、90 ℃时浸出 20 min、40 min、60 min，浸出过程中适当补水保持液固比。过滤后洗涤，烘干滤饼，分别称量，记录为 m。

3. 洗涤

碱浸出反应完毕后，进行过滤，将过滤得到的固体洗涤，洗涤液单独保存，然后蒸发干水分，得到固体。固体和滤液用作下一步工艺处理的原料，滤液需要密封保存。洗涤过程：将过滤完后得到的滤饼转移到烧杯中，加入 50 mL 去离子水，搅拌洗涤，让滤饼中可溶成分充分溶解到去离子水中，然后再过滤一遍。

4. 有效碳含量初步测定

（1）样品烘干。将样品在 105 ℃烘箱中烘干，保持 30 min。

（2）称重。将坩埚称重，并称取样品约 1.0 g 置于坩埚中，轻轻摇动坩埚，使试样均匀平铺，记录下坩埚重量 m_1 及坩埚和样品的总重量 m_2。

（3）高温处理。将装有测试样品的坩埚置于马弗炉中进行高温处理，保持温度为 900 ℃，处理时间为 2 h；自然降温后移至 105 ℃烘箱中并保持 30 min，用夹子取出坩埚，称重，记录重量为 m_3。

有效碳含量（C_0）初步测定公式如下：

$$C_0 = [(m_2 - m_1) - m_3]/(m_2 - m_1) \tag{3-3}$$

六、数据记录与结果处理

（1）过滤、烘干，记录滤饼质量，记录坩埚及样品+坩埚总质量（见表 3-9 和表 3-10）；

（2）对重量进行精确称量至小数点后 3 位，并记录数据；

（3）依据式（3-3）分别求得各条件下的碳含量；

（4）绘制不同时间有效碳含量与浸出温度及浸出时间的关系曲线；

（5）编写实验报告。

表 3-9 试验数据记录

序号	浸出条件	滤饼质量 m/g
1	10 min，60 ℃	
2	10 min，90 ℃	
3	30 min，60℃	
4	30 min，90 ℃	
5	50 min，60 ℃	
6	50 min，90 ℃	

表 3-10 有效碳含量初步测定

序号	浸出条件	坩埚质量 m_1/g	样品+坩埚质量 m_2/g	高温后质量 m_3/g	碳含量/%
1	10 min，60 ℃				
2	10 min，90 ℃				
3	30 min，60 ℃				
4	30 min，90 ℃				
5	50 min，60 ℃				
6	50 min，90 ℃				

七、注意事项

（1）搅拌浸出过程中速度不宜过快，锥形瓶上部可盖上表面皿；

（2）有效碳含量测定时样品和坩埚要预先在 105 ℃烘箱中烘干 1 h；

（3）配制氢氧化钠溶液时要保证称量的准确；

（4）滤液集中处理，不能直接倒入下水道。

八、思考题

（1）我国电解铝工业废阴极炭块现状与危害。

（2）废阴极炭块综合利用的方法和途径。

实验 13　冶金污泥中重金属的赋存与浸出

一、实验背景

随着冶金工业的迅猛发展，冶金污泥的产生量与日俱增。冶金污泥作为冶金生产过程中的主要固体废弃物，包含多种重金属元素，如铜、锌、铅、镉、铬等。冶金污泥不仅占用大量土地资源用于堆放，而且其所含的重金属具有毒性、不易降解等特性，对土壤、水体和大气环境构成严重威胁，可能通过食物链进入人体，危害人类健康。

目前，对于冶金污泥的处理和处置是资源循环领域的研究热点之一。准确掌握冶金污泥中重金属的赋存状态，是实现其无害化处理和资源化利用的关键前提。此外，研究重金属的浸出特性，有助于评估冶金污泥在环境中的潜在风险，并为开发有效的重金属回收技术提供科学依据。

二、实验目的

（1）了解并掌握冶金污泥重金属赋存形态。

（2）掌握冶金污泥重金属浸出过程。

（3）评估浸出过程环境风险。

（4）了解浸出后污泥的资源化利用潜力。

三、实验原理

1. 重金属的赋存原理

（1）吸附作用。冶金污泥中的重金属离子可通过静电引力、离子交换等作用吸附在污泥颗粒表面的官能团上。例如，污泥中的黏土矿物、有机质等成分含有羟基、羧基等官能团，能够吸附重金属离子。

（2）沉淀作用。部分重金属离子与污泥中的阴离子（如碳酸根、硫酸根等）结合，形成难溶性的沉淀化合物，沉淀在污泥中。例如，铅离子与碳酸根离子反应生成碳酸铅沉淀：

$$Pb^{2+}+CO_3^{2-} \longrightarrow PbCO_3$$

（3）络合作用。重金属离子可能与污泥中的有机配体形成稳定的络合物，存在于污泥的有机相中。如铜离子与腐殖酸中的羧基、酚羟基等官能团络合：

$$Cu^{2+}+R\text{-}COOH \longrightarrow R\text{-}COO\text{-}Cu^{+}+H^{+}$$

$$Cu^{2+}+R\text{-}OH \longrightarrow R\text{-}O\text{-}Cu^{+}+H^{+}$$

其中，R 代表腐殖酸分子的其余部分。

2. 浸出原理

（1）酸浸出。当使用酸作为浸出剂时，酸中的氢离子与吸附在污泥表面的重金属离子发生离子交换反应，使重金属离子解吸进入溶液。同时，酸可溶解与重金属结合的沉淀化合物和络合物，释放出重金属离子。以盐酸浸出锌为例，反应式为：

$$Zn(OH)_2+2H^+ \longrightarrow Zn^{2+}+2H_2O$$（假设锌以氢氧化锌形式存在于污泥）

$$ZnCO_3+2H^+ \longrightarrow Zn^{2+}+H_2O+CO_2\uparrow$$（假设锌以碳酸锌形式存在）

（2）络合浸出。某些络合剂（如柠檬酸 $C_6H_8O_7$）能够与重金属离子形成更稳定的络合物，促进重金属从污泥中浸出。络合剂中的官能团与重金属离子配位结合，改变重金属在污泥中的存在状态，使其更容易溶解到溶液中，络合反应式为：

$$M^{n+}+H_3C_6H_5O_7 \longrightarrow [M(H_2C_6H_5O_7)]_{n-1}+nH^+$$（M^{n+}代表金属离子）

（3）氧化还原浸出。对于某些具有变价态的重金属（如铬），可利用氧化还原反应改变其价态，从而提高其浸出率。在酸性条件下，加入氧化剂（如过氧化氢）可将三价铬氧化为六价铬，六价铬的化合物在酸性溶液中具有较高的溶解性，更易浸出。其反应式为：

$$2Cr^{2+}+3H_2O_2+10H^+ \longrightarrow 2Cr_2O_7^{2-}+8H_2O$$

四、仪器与试剂

仪器：电子天平、恒温振荡器、离心机、原子吸收光谱仪。

试剂：柠檬酸、苹果酸、草酸、盐酸、硫酸、锌、铅、镉、铬、铜、铁等重金属的标准溶液。

五、实验步骤

1. 样品采集与制备

冶金污泥样品取自湖北武汉某化工厂，在污泥堆放处分别选取6个不同的点，从每个点处分别取30 cm以上表层污泥，自然风干，磨碎后混合均匀在50 ℃下烘干至恒重，过筛后取0.074~0.106 mm（150~200目）的冶金污泥粉末备用。

2. 金属离子标准溶液的配制

取一定量各金属离子标准溶液（1000 mg/L）稀释至2.0 mg/L、4.0 mg/L、6.0 mg/L、8.0 mg/L、10.0 mg/L，通过原子吸收仪测定吸光度，以金属离子浓度为横坐标，对应吸光度为纵坐标绘制标准曲线。

3. 浸出

（1）称取0.2 g经过预处理的磷石膏样品，分别置于800 mL、0.05 mol/L的柠檬酸、苹果酸、草酸、盐酸、硫酸溶液中，在25 ℃、250 r/min下搅拌4 h，完成后取出离心，用原子吸收光谱仪测定得到的溶液中金属离子。

（2）称取0.2 g经过预处理的磷石膏样品，置于800 mL，浓度分别为0.01 mol/L、0.02 mol/L、0.05 mol/L、0.10 mol/L、0.20 mol/L的柠檬酸溶液中，在25 ℃、250 r/min下搅拌4 h，完成后取出离心，用原子吸收光谱仪测定得到的溶液中金属离子。

六、数据记录与结果处理

（1）在表3-11中记录锌、铅、镉、铬、铜、铁的标准浓度吸光度；

（2）记录不同浸出剂浸出冶金污泥后溶液中的金属离子（见表3-12）；

（3）记录不同浓度浸出剂中浸出冶金污泥后溶液中的金属离子（见表3-13）；

（4）根据各金属离子标准溶液绘制校正曲线，根据校正曲线计算浸出液中金属离子浓度；

（5）完成实验报告。

表 3-11　金属离子标准溶液吸光度记录

浓度/$mg \cdot L^{-1}$	吸光度					
	锌	铅	镉	铬	铜	铁
2						
4						
6						
8						
10						

表 3-12　不同浸出液中各金属离子吸光度

浸出液	吸光度					
	锌	铅	镉	铬	铜	铁
柠檬酸						
苹果酸						
草酸						
盐酸						
硫酸						

表 3-13　柠檬酸浸出液中各金属离子吸光度

浓度/$mol \cdot L^{-1}$	吸光度					
	锌	铅	镉	铬	铜	铁
0. 01						
0. 02						
0. 05						
0. 10						
0. 20						

七、注意事项

（1）在处理和使用化学试剂时，应佩戴适当的个人防护装备，如手套、护目镜和实验服，以防止试剂接触皮肤和眼睛，避免发生化学灼伤等事故；

（2）样品采集要具有代表性，多点采样并充分混合，以减少样品的不均匀性对实验结果的影响；

（3）实验过程中产生的废液应收集集中处理。

八、思考题

（1）如何对实验方案进行优化，提高金属离子的浸出效果？

（2）有机酸和无机酸做浸出液时，浸出效果的差异原因是什么？

（3）浸出后的金属离子溶液，怎样处理能达到无害化效果？

实验 14　稀土尾矿中残留浸矿剂的高效洗脱

一、实验背景

稀土作为一种重要的战略资源，也被称为“工业维生素”，在国防军工、航空航天、特种材料、冶金、能源和农业等诸多领域有着特殊用途和重要性。目前，离子型稀土的浸出方法主要为原地浸出工艺，是在不破坏矿区地表植被、不挖开表土与矿石的情况下，将高浓度的硫酸铵溶液注入矿山，交换浸出其中的稀土离子，虽然有较好的效果，但随着其应用，也带来了一些环境问题。尾矿中有大量铵盐残留在矿体中，并随着长期的缓慢释放，使得矿区地下水、地表水氨氮严重超标，甚至导致区域性水体污染。针对稀土尾矿中残留浸矿剂进行高效洗脱的研究，可以改善尾矿的化学性质，为后续稀土元素和其他有价金属的提取创造更有利的条件；有助于改善矿区整体生态环境，实现矿区的可持续发展；还可以减少因环境污染导致的居民健康问题和社会经济损失。同时，通过资源回收和生态修复的结合，可以将矿区从传统的资源开发型向绿色生态型产业转型，如发展生态农业、生态旅游等相关产业，促进矿区经济多元化发展，提高矿区居民的生活质量，实现经济、社会和环境的协调发展。

二、实验目的

（1）了解残留铵盐的赋存状态和洗脱机制。
（2）掌握残留铵盐淋洗的工艺条件。
（3）了解淋洗废液的处理与回用可能性。

三、实验原理

1. 赋存原理

稀土矿中中重稀土以水合离子或离子态存在于矿体中，在实际开采过程中，用铵盐作为浸出剂通过离子交换反应提取稀土元素，铵盐从而赋存在稀土尾矿中，反应式如下：

$$[Al_4(Si_4O_{10})(OH)_8]_m \cdot RE^{3+}_{(S)} + 3nNH^+_{4(aq)} \rightleftharpoons [Al_4(Si_4O_{10})(OH)_8]_m \cdot nNH^+_{4(S)} + nRE^{3+}_{(aq)}$$

2. 洗脱原理

许多金属离子可以与铵离子发生离子交换反应，置换出吸附在尾矿颗粒表面或存在于孔隙溶液中的 NH_4^+，实现残留铵盐的洗脱，反应原理如下：

$$[Al_4(Si_4O_{10})(OH)_8]_m \cdot xnNH^+_{4(S)} + \frac{xn}{y}M^{y+}_{(aq)} \rightleftharpoons [Al_4(Si_4O_{10})(OH)_8]_m \cdot \frac{xn}{y}M^{y+}_{(S)} + xnNH^+_{4(aq)}$$

四、仪器与试剂

仪器：电子天平、恒温振荡器、离心机、pH 计、紫外分光光度计。

试剂：氯化铵、氯化钾、氯化镁、氯化钠、氯化钙、氯化铝、氢氧化钠、盐酸。

五、实验步骤

1. 样品采集与预处理

实验所用风化壳淋积型稀土尾矿矿样来自江西省某稀土矿（原地浸出后）封闭矿场，分别取自稀土矿山的山顶、山腰和山底。洗脱实验前，将所取矿样干燥，筛分 0.074~0.106 mm（150~200 目）备用。

2. 制备氨氮标准曲线

氨氮标准工作溶液配制：称取 3.8190 g 氯化铵（NH_4Cl，优级纯，在 100~105 ℃干燥 2 h），溶于水中，移入 1000 mL 容量瓶中，稀释至标线。吸取 5 mL 以上溶液于 500 mL 容量瓶中，稀释至刻度，得氨氮标准工作溶液，此时氨氮浓度为 10 μg/mL。

在 8 个 50 mL 比色管中，分别加入 0 mL、0.5 mL、1.0 mL、2.0 mL、4.0 mL、6.0 mL、8.0 mL 和 10.0 mL 氨氮标准工作溶液（$\rho_N=10$ μg/mL），其所对应的氨氮含量分别为 0 μg、5.0 μg、10.0 μg、20.0 μg、40.0 μg、60.0 μg、80.0 μg 和 100 μg，加水至标线。加入 1.0 mL 酒石酸钾钠溶液（$\rho=0.5$ g/mL），摇匀，加入纳氏试剂 1.0 mL（0.16 g/mL NaOH+0.07 g/mL KI+0.1 g/mL HgI_2），摇匀。放置 10 min 后，在波长 420 nm 下，用 20 mm 比色皿，以水作参比调零，测量吸光度。以氨氮含量（μg）为横坐标，对应的吸光度为纵坐标绘制标准曲线，拟合得到标准曲线方程。

3. 淋洗实验

（1）称取 1.0 g 经过预处理的稀土尾矿，置于 50 mL 离心管中，分别加入 30 mL 0.02 mol/L 的氯化钾、氯化镁、氯化钠、氯化钙、氯化铝溶液，放入恒温振荡器中，设定温度为 25 ℃，250 r/min 下保持 1 h，完成后取出离心，根据以上步骤分别测定上清液中氨氮吸光度。

（2）称取 1.0 g 经过预处理的稀土尾矿，置于 50 mL 离心管中，加入 30 mL 浓度分别为 0.005 mol/L、0.01 mol/L、0.02 mol/L、0.05 mol/L、0.1 mol/L、0.15 mol/L、0.2 mol/L 的氯化镁溶液，放入恒温振荡器中，设定温度为 25 ℃，250 r/min 下保持 1 h，完成后取出离心，根据以上步骤分别测定上清液中氨氮吸光度。

（3）称取 1.0 g 经过预处理的稀土尾矿，置于 50 mL 离心管中，用 1.2 g/L 氢氧化钠和 10%盐酸调节浓度为 0.02 mol/L 氯化镁溶液，pH 值分别为 3、4、5、6、7、8、9，分别加入 30 mL 调节后的溶液，放入恒温振荡器中，设定温度为 25 ℃，250 r/min 下保持 1 h，完成后取出离心，根据以上步骤分别测定上清液中氨氮吸光度。

六、数据记录与结果处理

（1）在表 3-14 中记录氨氮标准浓度吸光度；

（2）记录不同淋洗剂洗脱得到的淋洗液中氨氮的吸光度（见表 3-15）；

（3）记录不同浓度氯化镁洗脱得到的淋洗液中氨氮的吸光度（见表 3-16）；

（4）记录不同 pH 值的氯化镁洗脱得到的淋洗液中氨氮的吸光度（见表 3-17）；

（5）根据式（3-4）计算不同淋洗液下的铵洗脱量：

$$q = \frac{cV}{m} \tag{3-4}$$

式中　q——洗脱量，mg/kg；

c——氨氮浓度，mg/L；

V——洗脱液体积，mL；

m——洗脱的稀土矿质量，g。

表 3-14　氨氮标准曲线记录

标准使用液/mL	0	0.5	1	2	4	6	8	10
氨氮含量/μg	0	5	10	20	40	6	80	100
校正吸光度 A_N								

表 3-15　不同淋洗液对尾矿中残留铵盐的洗脱效果

种类	氯化钾	氯化镁	氯化钠	氯化钙	氯化铝
吸光度 A_N					
洗脱量/mg · kg^{-1}					

表 3-16　不同浓度的氯化镁溶液对尾矿中残留铵盐的洗脱效果

浓度/mol · L^{-1}	0.005	0.01	0.02	0.05	0.1	0.15	0.2
吸光度 A_N							
洗脱量/mg · kg^{-1}							

表 3-17　不同 pH 值的氯化镁溶液对尾矿中残留铵盐的洗脱效果

pH 值	3	4	5	6	7	8	9
吸光度 A_N							
洗脱量/mg · kg^{-1}							

七、注意事项

（1）进行显色实验时，需特别注意安全使用纳氏试剂，在取用、添加时佩戴好防护手套；

（2）在实验前要对分析天平、pH 计等仪器进行校准，保证其测量数据的准确性；

（3）洗脱得到的淋洗液需要集中处理，避免富集的氨氮对环境造成污染。

八、思考题

（1）影响盐溶液对残留铵盐洗脱效率的因素还有哪些？如何对实验方案进行优化？

（2）收集到的淋洗液有什么资源化的方法处理？

（3）对于稀土离子的浸出，是否还有更清洁高效的方法？

实验 15 生活垃圾的好氧堆肥

一、实验背景

生活垃圾的处理已成为全球关注的环境问题，其中有机垃圾（如厨余垃圾、食物残渣、其他生物质废弃物）是生活垃圾的重要组成部分，城市生活垃圾中50%以上为有机垃圾，且呈逐年增长的趋势。对于有机垃圾可采用回收再生利用、焚烧、堆肥和卫生填埋等方法进行处理，相较其他处理方式而言，堆肥处理具有资源化利用、无害化处理、经济性和环保性优及促进生态循环等优点。好氧堆肥是一种有效的生活垃圾处理方式，它利用微生物在有氧条件下分解有机物，将生活垃圾转化为稳定的腐殖质样物质，同时产生二氧化碳、水和热量。好氧堆肥不仅可以减少垃圾体积，还能生产出富含营养物质的堆肥产品，可用于土壤改良、园艺等领域，实现垃圾的资源化利用，符合可持续发展的理念。然而，好氧堆肥过程受到多种因素的影响，如原料组成、通风条件、温度、湿度等，因此需要通过实验优化堆肥工艺，提高堆肥效率和质量。

二、实验目的

（1）了解生活垃圾的分类及主要处理方法。

（2）掌握好氧堆肥的基本原理和操作方法。

（3）了解影响堆肥过程的关键因素。

（4）研究生活垃圾中有机物的降解规律，分析堆肥过程中的理化指标变化。

三、实验原理

好氧堆肥是利用好氧微生物在充足氧气条件下分解有机物的过程。

1. 有机物分解

在好氧条件下，多种微生物参与生活垃圾中有机物的分解过程。首先，细菌和真菌等微生物分泌胞外酶，将大分子有机物（如蛋白质、多糖、脂肪等）水解为小分子有机物（如氨基酸、单糖、脂肪酸等）。例如，蛋白酶将蛋白质分解为氨基酸，淀粉酶将淀粉分解为葡萄糖。然后，这些小分子有机物被微生物吸收进入细胞内，通过一系列的生化反应进一步氧化分解，产生二氧化碳、水和能量。

以葡萄糖为例，其在微生物体内的代谢过程可简单表示为：

$$C_6H_{12}O_6+6O_2 \longrightarrow 6CO_2+6H_2O+\text{能量}$$

2. 腐殖质形成

在有机物分解过程中，部分分解产物会发生缩合和聚合反应，形成腐殖质（见图 3-3）。腐殖质是一种复杂的有机大分子物质，具有良好的土壤改良作用，能够增加土壤肥力、改善土壤结构、提高土壤保水保肥能力等。

四、仪器及试剂

主要仪器：电子天平、温湿度仪、pH 计、堆肥桶（或实验反应器）、搅拌工具、氧气

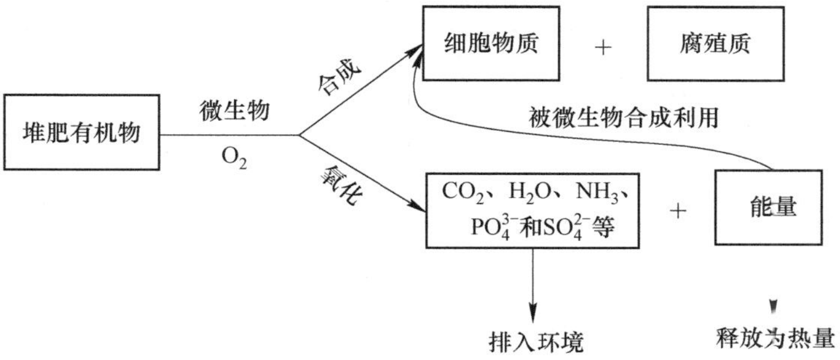

图 3-3　好氧堆肥反应示意图

测定仪。

主要药剂：生活垃圾样品（包括厨余、纸屑、果皮、扇贝壳等）、填充料（如庭院垃圾、秸秆）、蒸馏水。

五、实验步骤

1. 实验装置

实验装置如图 3-4 所示，主要由发酵箱、强制通风供气装置和数据测量仪器构成。发酵箱仓壁用保温板制成，外围用泡沫板包裹，以保证堆肥温度。箱盖上预留 9 个孔洞，一部分插入温度计，一部分导出气体。多点温度测定便于对整个发酵过程的监控，使所得温度数据更加合理。

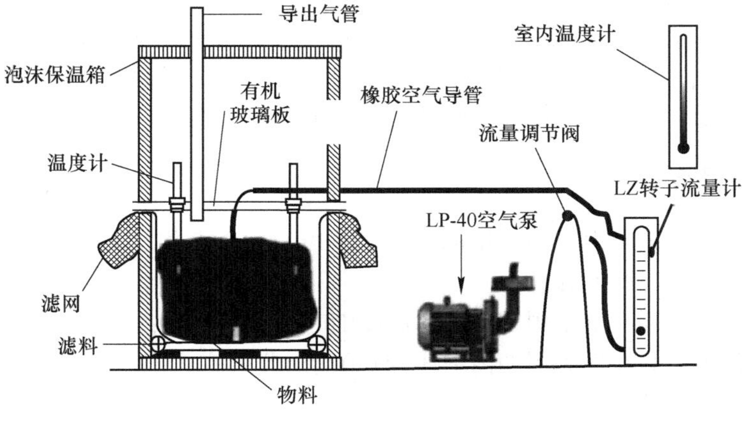

图 3-4　实验装置示意图

2. 样品准备

收集生活垃圾和庭院垃圾样品，去除不可降解物质（如金属、塑料）堆肥的基本材料是堆肥原料及填充料。本次实验拟采用不同的填充料进行堆肥，即填充料与生活垃圾按不同比例进行混合，调节其含水率，分 3 组进行生活垃圾的堆肥实验，物料配比参数见表 3-18。

表 3-18　实验设计

实验	生活垃圾：庭院垃圾	生活垃圾：秸秆
第 1 组	9：1	9：1
第 2 组	8：1	8：1
第 3 组	7：1	7：1

3. 堆肥装填

按一定比例将生活垃圾与填充料混合均匀，装入堆肥桶；测量初始堆体灰分、有机质、含水率、质量、温度、湿度、pH 值和氧气浓度。

4. 好氧发酵

将堆肥桶置于通风环境，定时翻堆（每 2~3 天 1 次）以保证氧气供应；每隔一周定期测量堆肥灰分、有机质、含水率、质量、温度、湿度、pH 值和氧气浓度，记录数据。

5. 终止实验

堆肥过程约 3 周，当温度恢复到室温且垃圾基本降解后，终止实验。

6. 定期测量

堆肥过程中，定期（1 周）测量组分的变化：

（1）样品烘干：分别取约 0.4 kg 的样品 3 份，在干燥箱 105 ℃下烘干，直至恒重。

（2）含水率：计算物料样品的平均含水率。

（3）有机质含量：取 3 份烘干后的样品放入马弗炉，在 550 ℃下灼烧至恒重，计算出物料样品的有机质的平均含量。

（4）温度：采用温度计测定堆体物料温度和实验室室温，并记录温度数据。

（5）湿度：采用湿度仪测定堆体物料湿度和实验室湿度，并记录湿度数据。

（6）pH 值：采用 pH 计测定堆体物料 pH 值，并记录 pH 值数据。

（7）氧气浓度：采用氧气浓度检测仪对氧气浓度进行检测，并记录氧气浓度数据。

六、数据记录与结果处理

（1）数据记录：第 1 组实验数据记录在表 3-19 中，第 2 组实验数据记录在表 3-20 中，第 3 组实验数据记录在表 3-21 中；

（2）绘制各组实验在堆肥周期内堆体温度随时间的变化图；

（3）绘制各组实验在堆肥周期内堆体 pH 值随时间的变化图；

（4）堆肥过程中理化指标（如含水率、有机质含量）的变化；

（5）评估最终堆肥产品的质量，如成熟度和稳定性；

（6）所有数据进行精确至小数点后 3 位；

（7）编写实验报告。

表 3-19　第 1 组堆肥周期各阶段组分含量变化

项目	起始	堆肥第一周	堆肥第二周	堆肥第三周
灰分/%				
有机质/%				

续表 3-19

项目	起始	堆肥第一周	堆肥第二周	堆肥第三周
含水率/%				
质量/g				
温度/℃				
湿度/%				
pH 值				
氧气浓度（体积分数）/%				

表 3-20　第 2 组堆肥周期各阶段组分含量变化

项目	起始	堆肥第一周	堆肥第二周	堆肥第三周
灰分/%				
有机质/%				
含水率/%				
质量/g				
温度/℃				
湿度/%				
pH 值				
氧气浓度（体积分数）/%				

表 3-21　第 3 组堆肥周期各阶段组分含量变化

项目	起始	堆肥第一周	堆肥第二周	堆肥第三周
灰分/%				
有机质/%				
含水率/%				
质量/g				
温度/℃				
湿度/%				
pH 值				
氧气浓度（体积分数）/%				

七、注意事项

（1）实验过程中保持通风，防止厌氧发酵产生异味；

（2）垃圾样品需均匀混合，避免堆肥过程中局部过热或腐烂；

（3）翻堆时注意防护，避免接触未完全降解的垃圾；

（4）堆肥桶底部应设置排水孔，避免积水影响实验结果。

八、思考题

（1）堆肥过程中为什么要定期翻堆？

（2）如何优化生活垃圾与填充料的比值以提高堆肥效率？含水率如何影响微生物的生长？空气流量会有影响吗？

（3）好氧堆肥相比厌氧发酵有哪些优缺点？

（4）生活垃圾的好氧堆肥在实际应用中可能面临哪些挑战？如何解决？

实验 16　有害固体废物固化处理

一、实验背景

固化/稳定技术是处理污染物、易迁移的废物及不稳定废物的重要手段，其作为废物最终处置的预处理技术，被认为是目前对工业废弃物处理最好的办法。对重金属元素超标的废渣，使用焚烧、化学方法及就地填埋的处理手段，会对当地环境产生不可逆的损伤，一般工业上都采用固化/稳定化手段处理此类废渣。在解决重金属含量很高和别的有害废渣的同时也会依据工业废渣的本身性质、企业的相关技术可行性、有价金属的回收再利用和资源消耗量来选用合适的固化剂。经过稳定化/固化处理后的固体相关产物化学与物理性质要稳定，而且需要具备一定量的抗摔、抗压强度，要求输送到堆存地或堆存区的途中不再需要任何额外处理。

二、实验目的

（1）了解固化/稳定技术的机理和适用范围。

（2）掌握水泥固化/稳定化的实验步骤和相应的毒性检测操作程序。

（3）查阅资料了解固化/稳定化技术的最新进展。

三、实验原理

将有害废物与固化剂或黏结剂混合，使其发生化学反应而形成坚硬的固状物，使有害物质固定在固状物内，或是用物理方法将有害废物封包装起来的处理方法叫固化或稳定化。有害废物经固化处理后，其渗透性和溶出性均可降低。所得固化体能安全地运输和进行堆存或填埋，对稳定性和强度适宜的产品可以作筑路基材使用。

目前常用的固化/稳定化方法包括水泥固化、石灰固化、熔融固化、塑料固化、自胶结固化和药剂稳定化等。图 3-5 为熔融固化的流程图。图 3-6 为重金属污染土壤离子矿化稳定化技术。

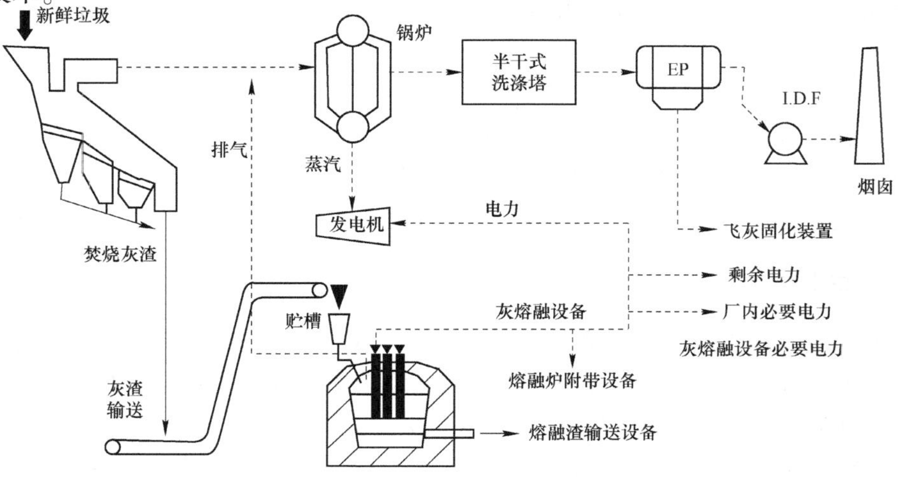

图 3-5　熔融固化流程

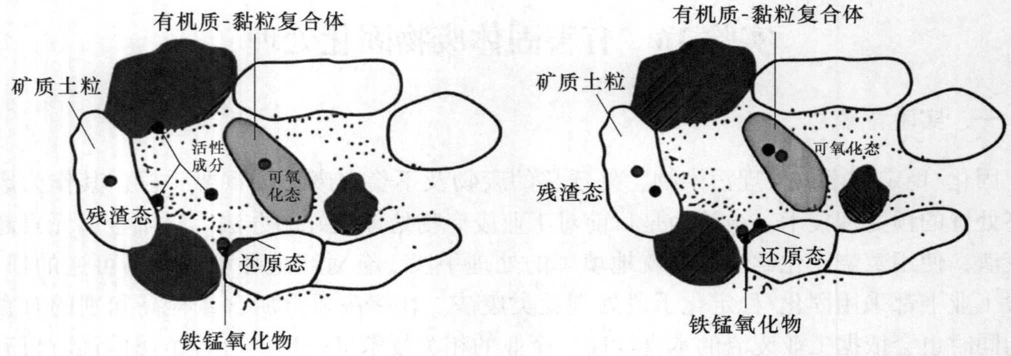

图 3-6　重金属污染土壤离子矿化稳定化技术

本实验采用水泥为基材，固化含铬废渣。

水泥基固化是利用水泥和水化合时产生水硬胶凝作用将废物包覆的一种方法。普通硅酸盐水泥的主要成分为硅酸三钙、硅酸二钙、铝酸三钙和铁铝四钙，它们与水发生水化作用，产生一系列反应：

$$3CaO \cdot SiO_2+H_2O \longrightarrow 2CaO \cdot SiO_2 \cdot H_2O+Ca(OH)_2$$

$$2CaO \cdot SiO_2+H_2O \longrightarrow 2CaO \cdot SiO_2 \cdot H_2O$$

$$3CaO \cdot Al_2O_3+H_2O \longrightarrow 3CaO \cdot Al_2O_3 \cdot H_2O$$

$$4CaO \cdot Al_2O_3 \cdot Fe_2O_3+H_2O \longrightarrow 3CaO \cdot Al_2O_3 \cdot H_2O+CaO \cdot Fe_2O_3 \cdot H_2O$$

水化后产生的胶体将水泥颗粒相互联结，渐渐变硬而凝结成为水泥石，在变硬凝结过程中将砂、石子、铬渣等固体废物包裹在水泥石中。

固化所得产物均需经过浸出毒性检测。浸出是重金属离子进入自然环境的主要方式，浸出毒性实验指的是在 pH 值、可溶性有机物化合物和微生物共同作用下，所测试样本产生了分解吸收或者络合等相关反应，使得固态所测样本中的各种污染物或者重金属离子释放而进入到液相。该实验的主要目的是评估固废在各种处理方法和所处的不同环境下的风险，主要依据浸出率和浓度来考察和评估样本中有害物质浸出程度与特征。

四、仪器及试剂

主要仪器与设备：水平振荡器、电感耦合等离子体质谱仪、破碎机、电子天平、养护箱，搅拌器，3 mm 筛子、真空过滤机、微孔滤膜。

主要药剂：普通硅酸盐水泥、铬渣、重铬酸钾、去离子水。

五、实验步骤

（1）制备水泥固化体。分别称取 1 g、5 g、10 g、15 g 和 20 g 铬渣，称取 5 份 150 g 的普通硅酸盐水泥，将水泥与重铬酸钾混匀后，缓慢加入 50 mL 的纯水进行搅拌，搅拌完毕注入 5 cm×5 cm×5 cm 硅胶模具中，放入养护箱硬凝 24 h。

（2）浸出毒性实验。将水泥固化体经过破碎后过 3 mm 筛，制成粒径小于 3 mm 的试样。称取干试样 10 g 置于 200 mL 锥形瓶中并加入 100 mL 的去离子水浸提剂（依据液固比为 10∶1 进行计算得出)，给锥形瓶封上封口膜后垂直固定于水平振荡器中，调节转速频率为每分钟 110 次，振动幅度为 40 mm。在常温下摇晃 8 h 后放置 16 h 取出，并在真空过滤仪器中装入 0.45 μm 的微孔滤膜，过滤并采集滤液。

(3) 铬标准溶液配置。称取于 120 ℃ 干燥 2 h 的重铬酸钾 ($K_2Cr_2O_7$，优级纯) 0.2829 g，用水溶解后移入 1000 mL 容量瓶，用水稀释至标线，摇匀。每毫升溶液含 0.100 mg 六价铬，用作铬标准贮备液。取铬标准储备液分别制备 2 μg/mL、4 μg/mL、6 μg/mL、8 μg/mL、10 μg/mL 标准溶液，然后与 0 μg/mL 空白样一起用于 ICP 标准曲线绘制与校准。

(4) 样品滤液重金属浓度测定。铬的浸出浓度测定需按照新国标所要求的方法进行，所得浸出液中铬含量使用 ICP 测定并记录。所得结果需与《水泥胶砂中可浸出重金属的测定方法》(GB/T 30810—2014) 进行对比分析。

六、数据记录与结果处理

(1) 整理实验结果，填写实验数据记录表 (见表 3-22)；

表 3-22　试验数据记录表

待测样品	ICP 测得浸出液中铬浓度/mol·L^{-1}	浓度算术平均值
1 g 铬渣+水泥		
5 g 铬渣+水泥		
10 g 铬渣+水泥		
15 g 铬渣+水泥		
20 g 铬渣+水泥		

(2) 依据上述实验数据绘出浸出浓度图；

(3) 编写实验报告。

七、注意事项

(1) 过滤过程应避免用清水洗涤，以免影响浸出物中铬浓度。

(2) 所有玻璃仪器 (包括采样用器皿)，不能用重铬酸钾洗液洗涤，可用硝酸、硫酸混合液或洗涤剂洗涤，洗涤干净后冲洗干净。玻璃器皿内壁要求光洁，防止铬被吸附。

（3）实验中需注意用电安全。

八、思考题

（1）水泥块为何需要在养护箱中养护一段时间？

（2）进行有毒物浸出率实验对废渣处理有何意义？

（3）查阅资料比较常用固化方法的优缺点。

实验 17 固体废物焚烧及热解

一、实验背景

目前，随着城市化的发展，以塑料（食品包装、塑料袋等）和橡胶等聚合物为代表的有机物消费量逐年升高。据统计，2024 上半年中国塑料制品产量为 3619.4 万吨，同比增长 0.5%。与此同时，2024 年全球天然橡胶消费量约为 1565.8 万吨，同比增长 2.3%；而中国作为全球最大的天然橡胶消费国，消费量超过 600 万吨，占全球总产量的 40%以上。由于有机物难以自然降解，大量堆积和填埋均会产生巨大的环境影响，因此，针对有机固体废物的处理利用往往采用焚烧、热解等技术。但是，有机物在焚烧处理过程中往往会产生挥发性有机物（VOCs），如烷烃、烯烃、炔烃等，需要加装尾气净化处理系统，而通过热解处理时则需要供给大量热量确保热解反应的顺利进行。开展固体废物焚烧和热解实验有助于评估其热处理效果，并给选择适宜的处理技术提供参考，最大限度减少环境污染的同时提高经济效益。

二、实验目的

（1）掌握焚烧法和热解法的定义和原理。

（2）了解焚烧法和热解法在工业应用中的优缺点和适用范围。

（3）掌握燃烧和热解实验的具体操作步骤。

三、实验原理

1. 焚烧法

焚烧法是一种高温热处理技术，即以一定量的过剩空气与被处理的有机废物在焚烧炉内进行氧化燃烧反应，废物中的有毒有害物质在 850～1200 ℃高温下氧化热解而被破坏。其完全燃烧的氧化反应如下：

$$C_xH_yO_zN_uS_vCl_w+\left(x+v+\frac{y-w}{4}-\frac{z}{2}\right)O_2 \longrightarrow xCO_2+wHCl+\frac{u}{2}N_2+vSO_2+\left(\frac{y-w}{2}\right)H_2O$$

焚烧法不仅可以处理固体废物，也可以处理液体废物和气体废物。适宜处理有机成分多、热值高的固体废物；但可燃有机组分很少时，需补加辅助燃料。

2. 热解法

热解法则是利用有机物的热不稳定性，在无氧或缺氧（非氧化性或氧化性极低的化学环境）条件下加热至适宜温度（250～900 ℃）下对其进行高温蒸馏，冷凝有机物的分解产物形成燃料油、油脂和燃料气。可用反应通式表示如下：

$$\text{固体废物}\xrightarrow{\triangle}\text{气体（}H_2\text{、}CH_4\text{）+有机液体（芳烃、焦油等）+固体（炭黑等）}$$

热解过程中产物含量一般根据热解工艺和反应参数不同而发生变化。低温会产生较多的液体产物，而高温则会使气态物质增多。

热解法和焚烧法具有相当大的差异。（1）二者产物不同，焚烧的产物主要是二氧化碳和水，而热解的产物主要是可燃的低分子化合物；（2）二者反应类型不同，焚烧为放热反应，热解需要吸收大量能量；（3）二者产物利用方式不同，焚烧产生能量主要用于发电，就近利用。热解产物则常常被储藏和远距离运输。

四、仪器及试剂

主要仪器与设备：传统炉、热解炉（见图 3-7）、高精度数显温度计（配 K 型高温探头）、研钵、电子天平、烘箱、热重分析仪、ICP-OES。

主要药剂：浓盐酸、浓硝酸、高氯酸、（镉、铬、铅、汞、砷）标准溶液、纯水。

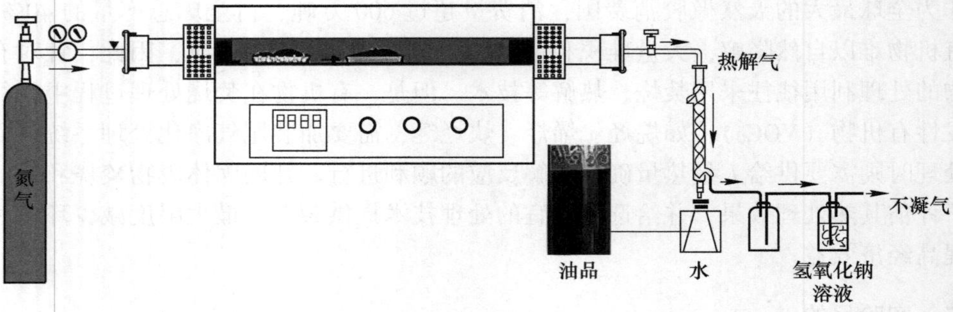

图 3-7　热解炉示意

五、实验步骤

（1）准备固废样品（塑料袋），清洗干净并切割成小块。烘干后，分别称取 30 g 的固废样品置于传统炉和热解炉中。打开电源，传统炉收集燃烧结束后收集底灰（炉膛及灰斗中）和飞灰（烟道中），称重，底灰经研磨后和飞灰干燥储存备用。热解炉以 10 ℃/min 升温至 280 ℃并恒温 10 min。继续升温至 680 ℃并恒温 10 min，观察热解炉中实验现象，注意不可立即打开炉膛，防止气体逸散，收集热解剩余物，收集称重。

（2）准确称取焚烧底灰或飞灰和热解剩余物样品 0. 5000 g 于 100 mL 消解管中，在通风橱中加入 4. 5 mL 浓盐酸，继续添加 1. 5 mL 浓硝酸，盖上弯颈小漏斗，于 90 ℃低温消解 1 h，再于 150 ℃高温下消解，待激烈反应后冷却，加入 5 mL 高氯酸，于 190 ℃去掉漏斗消解 2 h，再于 220 ℃下消解至近干，用超纯水定容至 25 mL，然后过滤至 PE 塑料瓶中保存待测。

（3）标准溶液配置。用已知浓度的标准溶液分别配置浓度为 2 μg/mL、4 μg/mL、6 μg/mL、8 μg/mL、10 μg/mL 的镉、铬、铅、汞、砷混合标准溶液，然后与 0 μg/mL 空白样一起用于 ICP 标准曲线绘制与校准。

（4）样品表征与产物分析检测过程如下：

1）原料热重分析。采用热重分析仪进行检测。燃烧气氛为 N_2 ：O_2 = 80 ：20，总气流量为 80 mL/min，样品的实验用量为 5 mg，燃烧温度从 30 ℃升至 900 ℃，升温速率为 10 ℃/min。

2）焚烧底灰、飞灰和热解剩余物化学成分分析。主要检测待测样品消解后滤液中的重金属（镉、铬、铅、汞、砷）含量，为保证实验准确性，每个样品检测 3 次，取平均值作为最终检测结果。具体操作步骤如下：

①打开 ICP-OES 电源开关，启动风机和循环水开关。进样管放入去离子水中。

②分别测试空白样品及标准样品，绘制标准曲线。

③确保仪器处于正常状态（绿灯亮起），点击自动点火，观察等离子体运行状态，检测待测样品。

④检测结束后，关闭等离子体，排尽雾室及泵管中的废液，清洗设备。最后关闭所有设备和气瓶主阀。

注意：更换标准溶液或待测溶液时，需将进样管用 2%硝酸冲洗 5 min，再用纯水冲洗 5 min。

（5）记录实验结果与现象。

六、数据记录与结果处理

（1）记录实验现象和数据（附带图片）。主要包括焚烧/热解前后实物图、重量、热重分析图、成分分析结果，重量及成分分析记录表见表 3-23 和表 3-24。

表 3-23　试验数据记录表

方法		固体废物质量 m/g	处理后质量/g
焚烧法	底灰		
	飞灰		
热解法			

表 3-24　消解后滤液重金属含量数据记录表

样品	元素含量/mg·L^{-1}									
	Cd		Cr		Pb		Hg		As	
底灰	1		1		1		1		1	
	2		2		2		2		2	
	3		3		3		3		3	
	平均值		平均值		平均值		平均值		平均值	
飞灰	1		1		1		1		1	
	2		2		2		2		2	
	3		3		3		3		3	
	平均值		平均值		平均值		平均值		平均值	
热解产物	1		1		1		1		1	
	2		2		2		2		2	
	3		3		3		3		3	
	平均值		平均值		平均值		平均值		平均值	

（2）底灰、飞灰和热解剩余物的产率计算公式如下：

$$\alpha_B = \frac{m_B}{m} \times 100\%$$

$$\alpha_F = \frac{m_F}{m} \times 100\%$$

$$\alpha_S = \frac{m_S}{m} \times 100\%$$

式中 α_B，α_F，α_S——焚烧底灰、飞灰和热解剩余产物的产率；

m_B，m_F，m_S——焚烧底灰、飞灰和热解剩余物质量；

m——称取有机固体废产物的质量。

（3）编写实验报告。

七、注意事项

（1）注意焚烧和热解完后不可第一时间打开炉膛，防止有毒气体和灰分逸散；

（2）实验中需注意用电安全和小心明火。

八、思考题

（1）归纳总结焚烧法与热解法的区别，以及两种方法的优缺点。

（2）查阅资料举例说明焚烧法和热解法在工业生产中的应用。

实验 18　固体废物铬渣热解无害化

一、实验背景

铬渣是铬盐生产过程中产生的固体废物，其中含有大量的六价铬化合物。六价铬具有强氧化性和高毒性，在环境中的稳定性强，难以自然降解。铬渣的随意堆放或不当处理对生态环境和人类健康构成了巨大威胁。在许多地区，铬渣堆场的渗滤液污染了周边土壤和地下水，导致土壤肥力下降，农作物减产甚至绝收，同时也使地下水无法饮用，严重影响了当地居民的生活质量和生态平衡。

传统的铬渣处理方法主要包括化学还原法、固化/稳定化法等。化学还原法虽然能够将六价铬还原为低毒的三价铬，但需要消耗大量的化学药剂，成本较高，且处理后的铬渣仍需进一步处置，容易造成二次污染。固化/稳定化法只是将铬渣中的有害物质固定在固化体中，并没有从根本上消除其毒性，长期稳定性存在问题，在环境条件变化时，六价铬仍有可能渗出，对环境造成危害。

热解无害化技术作为一种新兴的处理方法，具有独特的优势。热解过程中，铬渣中的六价铬在高温和还原剂的作用下被还原为三价铬，同时有机污染物得以分解，实现了铬渣的减量化、无害化和资源化。与传统方法相比，热解技术具有处理效率高、能耗低、无二次污染等优点。因此，深入研究铬渣的热解无害化技术，对于解决铬渣污染问题，实现资源的循环利用，具有重要的理论和现实意义。

二、实验目的

（1）了解铬渣热解原理。
（2）掌握影响铬渣热解条件的因素。
（3）评估热解后铬渣的安全性。

三、实验原理

铬渣热解无害化的实验原理是在缺氧或无氧环境下，利用高温和还原剂的作用对铬渣进行加热处理，促使铬渣中的六价铬发生还原反应，转化为相对低毒的三价铬。在热解过程中，随着温度升高，铬渣内部的化学键断裂、重组，六价铬化合物获得电子被还原。同时热解产生的高温环境促进了六价铬的挥发和分解。

四、实验仪器与试剂

仪器：破碎机、球磨机、筛网、原子吸收光谱仪。
试剂：活性炭、磷酸二氢钾、磷酸氢二钾、氢氧化钠、碳酸钠、氯化镁、浓硝酸。

五、实验步骤

1. 实验装置

实验室小型中温还原烧结热解装置如图 3-8 所示。整个热解装置主要由反应炉、尾气处理装置（冷却器、水吸收器、活性炭吸附柱）及总控制系统（流量调节阀、流量计、温度控制器）组成。实验中采用氮气作为保护气，用来提供无氧的热解氛围；反应炉是整个装置的核心部分，中心是石英管反应器，外层为隔热层；热解产生的气相经冷却器冷却收集后进入水吸收器、活性炭吸附柱，防止热解中产生的有毒有害气体污染大气；总控制系统可以调节保护气流量、热解温度、保温时间等参数。

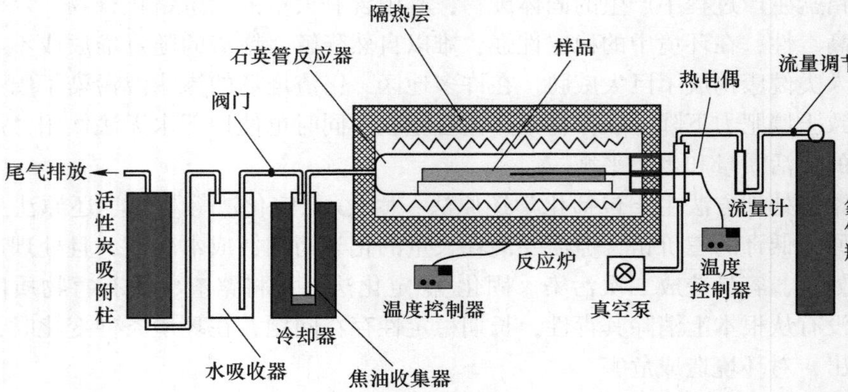

图 3-8 热解装置示意

2. 样品制备

将收集到的铬渣样品在室温下自然风干，去除水分。然后用破碎机破碎成小块，再用球磨机研磨至不同粒径，筛选收集粒径小于 0.074 mm、0.074～0.15 mm、0.15～0.25 mm、大于 0.25 mm 的样品，分别装袋备用。

3. 铬渣热解实验

（1）还原剂用量影响。称取 6 组 10 g 粒径为 0.074～0.15 mm 的铬渣样品，分别加入 0.1 g、0.5 g、1.0 g、2.0 g、5.0 g、10.0 g 活性炭放置于石英管反应器中央，连接好热电偶温度计，密封反应管两端。设定热解温度为 500 ℃，热解时间为 20 min，启动加热系统，开始热解实验。在加热过程中，以 50 mL/min 的流速通入氮气作为保护气，防止样品氧化。热解结束后，停止加热，继续通入氮气直至反应管冷却至室温。

（2）粒径影响。称取粒径小于 0.074 mm、0.074～0.15 mm、0.15～0.25 mm、大于 0.25 mm 的铬渣样品各 10 g，分别加入 1 g 活性炭后放置于石英管反应器中央，连接好热电偶温度计，密封反应管两端。设定热解温度为 500 ℃，热解时间为 20 min，重复以上实验操作。

（3）热解温度影响。称取 6 组 10 g 粒径为 0.074～0.15 mm 的铬渣样品，加入 1 g 活性炭，设定热解温度分别为 300 ℃、400 ℃、500 ℃、600 ℃、700 ℃、800 ℃，热解时间 20 min，重复以上实验操作。

（4）保温时间影响。称取 6 组 10 g 粒径为 0.074～0.15 mm 的铬渣样品，加入 1 g 活性炭，设定热解温度分别为 500 ℃，热解时间分别为 10 min、20 min、30 min、50 min、80 min、120 min，重复以上实验操作。

（5）热解产物消解处理。配制磷酸二氢钾-磷酸氢二钾缓冲溶液：分别称取磷酸二氢钾和磷酸氢二钾试剂 68. 0 g 和 87. 1 g，使用去离子水溶解完全后定容至 1 L。配制碳酸钠-氢氧化钠消解液：分别称取碳酸钠和氢氧化钠试剂 30. 0 g 和 20. 0 g，使用去离子水溶解完全后稀释至 1 L。准确称取铬渣样品 2. 5 g 置于消解罐中，往其中分别加入碱性消解液 50 mL，氯化镁试剂 400 mg，缓冲溶液 50 mL，搅拌混合 5 min。然后在 90～95 ℃下消解 60 min，自然冷却至室温。消解后分离混合物的上清液，使用 0. 45 μm 滤膜进行过滤，使用浓硝酸调节 pH 值至 9. 0±0. 2，转移到容量瓶定容至 100 mL。使用原子吸收光谱仪测试六价铬的浓度，并计算六价铬还原率。

六、数据记录

（1）在表 3-25 中记录不同还原剂用量实验数据；

（2）在表 3-26 中记录不同铬渣粒径实验数据；

（3）在表 3-27 中记录不同热解温度下的实验数据；

（4）在表 3-28 中记录不同保温时间下的实验数据；

（5）计算六价铬还原率（六价铬还原率=(初始六价铬含量−热解后六价铬含量)/初始六价铬含量×100%）。

表 3-25 不同还原剂用量下热解前后 Cr(Ⅵ) 浓度数据记录

还原剂用量/g	0. 1	0. 2	0. 5	1	2	5	10
热解前 Cr(Ⅵ) 浓度							
热解后 Cr(Ⅵ) 浓度							
去除率							

表 3-26 不同铬渣粒径热解前后 Cr(Ⅵ) 浓度数据记录

粒径/mm	小于 0. 074	0. 074～0. 15	0. 15～0. 25	大于 0. 25
热解前 Cr(Ⅵ) 浓度				
热解后 Cr(Ⅵ) 浓度				
去除率				

表 3-27 不同热解温度热解前后 Cr(Ⅵ) 浓度数据记录

温度/℃	300	400	500	600	700	800
热解前 Cr(Ⅵ) 浓度						
热解后 Cr(Ⅵ) 浓度						
去除率						

表 3-28 不同保温时间热解前后 Cr(Ⅵ) 浓度数据记录

温度/℃	300	400	500	600	700	800
热解前 Cr(Ⅵ) 浓度						
热解后 Cr(Ⅵ) 浓度						
去除率						

七、注意事项

（1）注意操作安全，操作高温炉时，必须佩戴耐高温手套等防护用品；

（2）确保氮气供应系统的密封性，防止氮气泄漏；

（3）测试前用标准物质对原子吸收光谱仪等分析仪器进行校准，确保测量数据的准确性。

八、思考题

（1）如何进一步提高铬渣热解过程中六价铬的还原率？

（2）该处理技术与其他固体废物处理技术相结合的可行性和优势如何。

（3）如何解决铬渣热解过程中产生的二次污染问题，如废气中有害物质的处理、固体残渣的安全处置？

第四章　固体废物资源化技术实验

实验 19　赤泥磁化焙烧-磁选回收铁

一、实验背景

赤泥是以铝土矿为原料提取氧化铝过程中产生的强碱性固体废物，每生产 1 t 氧化铝，会产生 0.8~2 t 赤泥。截至 2024 年 7 月，全球累计堆存的赤泥超过 50 亿吨，并以每年 2 亿吨的速度逐年增加，巨大的赤泥堆存量占用大量土地，造成很大的环境风险与安全风险。拜耳法生产过程中赤泥中 Fe_2O_3 的质量分数一般为 10%~50%，是赤泥中最主要的有价组分，若不加以利用，将会是巨大的铁资源损失，因此，赤泥是一种新的铁矿资源。中国作为第一大氧化铝生产国，每年排放的赤泥高达数千万吨，但综合利用规模小，综合利用率一直维持在 4%~8%，特别是有价元素提取尚无产业化突破。因此，从赤泥中高效提取铁等有价金属既是赤泥资源化利用的非常重要的途径，也具有很大的经济价值和环境效益。

二、实验目的

（1）了解赤泥磁化焙烧-磁选回收铁的基本原理。

（2）掌握焙烧及磁选工艺的操作要点及适用范围。

（3）了解化学滴定法测定赤泥中全铁含量的原理与方法。

（4）了解赤泥固废资源综合利用效果评价指标及方法。

三、实验原理

赤泥中的铁主要以赤铁矿的形式存在，少量存在于针铁矿、磁铁矿或其他矿相中。赤铁矿和针铁矿属于弱磁性物质，可在高温焙烧炉中将其还原成强磁性物质，再通过弱磁选分离出来。根据还原程度的不同，还原焙烧-磁选法可以分为磁化焙烧、直接还原和熔融还原 3 类。铁氧化物还原反应是逐级进行的（$T>570$ ℃时，$Fe_2O_3 \rightarrow Fe_3O_4 \rightarrow FeO \rightarrow Fe$），以煤粉做还原剂的还原进程如式（4-1）~式（4-3）所示。合理控制温度焙烧在 500~800 ℃，可将弱磁性的氧化铁矿还原成磁铁矿，相较于直接还原能源消耗较小，对还原气氛要求不高。再经弱磁选分离得到高品质铁精粉，可作为优质的氧化球团原料。

$$3Fe_2O_3+C = 2Fe_3O_4+CO \tag{4-1}$$

$$Fe_3O_4+C = 3FeO+CO \tag{4-2}$$

$$FeO+C = Fe+CO \tag{4-3}$$

四、仪器及试剂

主要仪器与设备：马弗炉、坩埚、球磨机、磁选管、真空过滤机、烘箱、烧杯、滴定管、铁架台、锥形瓶、电子天平，容量瓶（1000 mL）、真空干燥箱。

药剂：盐酸、二氯化锡、三氯化钛、硫磷混酸、钨酸钠、二苯胺磺酸钠、重铬酸钾。

材料：滤纸。

五、实验步骤

1. 样品制备

试验所用赤泥来自山东某厂的拜耳法赤泥，样品呈红色块状。在将矿物晾干以后，用破碎机进行破碎，并对破碎的样品进行进一步地研磨、筛分，然后再均匀制样分装。

2. 焙烧试验

分别称取 50 g 赤泥样品与 5 g 煤粉，混合均匀后，装入坩埚内。设定好目标温度，待到马弗炉升至目标温度后，迅速将坩埚送入马弗炉炉膛内，关好炉子计时，焙烧结束以后再迅速将坩埚取出埋入煤堆里面冷却。将焙烧矿收集并称重，记录其质量。考察条件：焙烧温度（650 ℃、700 ℃、750 ℃、800 ℃）、焙烧时间（30 min、50 min、70 min）。

3. 磁选试验

称取 20 g 焙烧矿及 20 mL 水放入球磨机，磨矿一定时间后收集混合矿浆，并多次清洗磨机，清洗液一并混入矿浆进行磁选实验，分别收集磁选精矿及尾矿，过滤、烘干并称重（见图 4-1）。

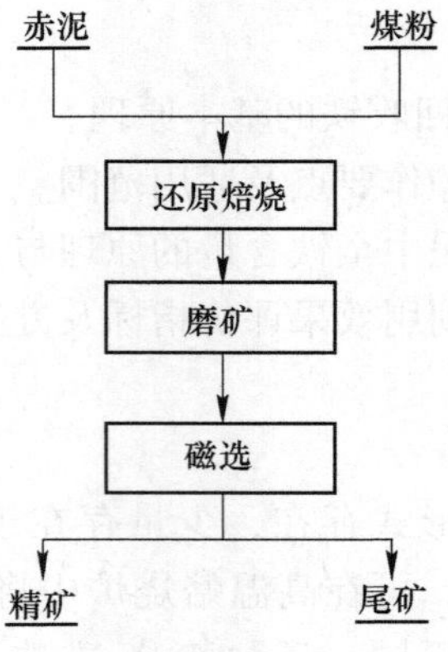

图 4-1　实验操作流程

4. 样品全铁含量分析

（1）溶样。称取试样 0.2000 g 于 500 mL 锥形瓶中，加 25 mL 磷硫混酸，轻轻摇动三角瓶，使试样分散。在电炉上加热溶解，加热过程中不断摇晃，直到锥形瓶底部试样完全溶解，然后再取下自然冷却。

（2）滴定。用少量水冲洗瓶壁，加 12 mL 盐酸。加热至沸，趁热滴加二氯化锡，还原至浅黄色，加水约 80 mL（此时，控制温度在 50~60 ℃，温度高时，可流水冷却）。然后加钨酸钠指示剂 10 滴，用三氯化钛溶液还原至溶液呈蓝色，再滴加重铬酸钾溶液氧化过量的三氯化钛至钨蓝色刚好消失。冷却至室温，以水稀释至溶液体积 150 mL 左右。加二苯胺磺酸钠指示剂 4 滴，用重铬酸钾标准溶液滴定至稳定的紫红色为终点。反应过程如下：

$$6Fe^{2+} + Cr_2O_7^{2-} + 14H^+ \longrightarrow 2Cr^{3+} + 6Fe^{3+} + 7H_2O \tag{4-4}$$

全铁含量的计算公式如下：

$$w_{TFe} = \frac{55.85 \times c \times V}{10 \times m}\% \tag{4-5}$$

式中　55. 85——铁的摩尔质量，g/mol；
c——重铬酸钾浓度，mol/L；
V——重铬酸钾滴定体积，mL；
m——称取矿样的质量，g。

六、注意事项

(1) 磁选所得的精矿和尾矿过滤前，需提前准备好烘干称重的滤纸；

(2) 重铬酸钾基准试剂要预先在 150 ℃烘箱中烘干 1 h；

(3) 配制重铬酸钾溶液时要保证称量的准确；

(4) 进行滴定时，要合理配置重铬酸钾标准溶液的浓度，时刻关注滴定过程中溶液颜色的变化以确定滴定终点。

七、数据记录与结果处理

(1) 对精矿和尾矿矿浆过滤前，先记录烘干滤纸的质量 m_0（见表 4-1）。

(2) 过滤、烘干，记录滤纸和干矿的总重量 m_1，分别计算精矿、尾矿的质量 Q（Q_k、Q_0）。

表 4-1　磁选精矿与尾矿重量记录

序号	焙烧条件	产品名称	滤纸质量 m_0/g	总重量 m_1/g	样品质量 Q/g
1	50 min，650 ℃	精矿			
		尾矿			
2	30 min，700 ℃	精矿			
		尾矿			
3	50 min，700 ℃	精矿			
		尾矿			
4	70 min，700 ℃	精矿			
		尾矿			
5	50 min，750 ℃	精矿			
		尾矿			
6	50 min，800 ℃	精矿			
		尾矿			

（3）全铁含量化验时，对样品重量进行精确称量至小数点后 4 位，并记录数据 m；开始滴定前记录滴定管刻度 V_0，滴定结束记录数据 V_1（见表 4-2）。

表 4-2 全铁含量分析记录

序号	焙烧条件	产品名称	质量 m /g	重铬酸钾浓度 /mol · L^{-1}	V_0 /mL	V_1 /mL	V（V_0-V_1）/mL	w_{TFe} /%
1	50 min，650 ℃	精矿						
		尾矿						
2	30 min，700 ℃	精矿						
		尾矿						
3	50 min，700 ℃	精矿						
		尾矿						
4	70 min，700 ℃	精矿						
		尾矿						
5	50 min，750 ℃	精矿						
		尾矿						
6	50 min，800 ℃	精矿						
		尾矿						

（4）依据式（4-6）和式（4-7）分别求得精矿和尾矿的产率及回收率（见表 4-3）。

1）产率：

$$\gamma_{精} = Q_k/(Q_k + Q_0) \times 100\% \quad \gamma_{尾} = Q_0/(Q_k + Q_0) \times 100\% \tag{4-6}$$

2）回收率。磁选后铁的回收率计算公式如下：

$$E = (Q_k \times \beta)/(Q_k \times \beta + Q_0 \times \delta) \times 100\% \tag{4-7}$$

式中 Q_k——精矿重量；
Q_0——尾矿重量；
β——精矿品位；
δ——尾矿品位。

表 4-3 磁选试验结果

序号	焙烧条件	产品名称	产率/%	全铁含量/%	回收率/%
1	50 min，650 ℃	精矿			
		尾矿			
2	30 min，700 ℃	精矿			
		尾矿			
3	50 min，700 ℃	精矿			
		尾矿			
4	70 min，700 ℃	精矿			
		尾矿			

续表 4-3

序号	焙烧条件	产品名称	产率/%	全铁含量/%	回收率/%
5	50 min，750 ℃	精矿			
		尾矿			
6	50 min，800 ℃	精矿			
		尾矿			

（5）绘制铁精矿产率、品位、回收率随焙烧温度升高及焙烧时间延长的变化趋势柱状图（两个图）。

（6）编写实验报告。注意：实验报告需记录各表格结果、粘贴打印版图片，并就图片变化趋势进行文字分析，得出结论。

八、注意事项

（1）注意个人操作安全及设备安全；

（2）每天下午实验结束后请打扫卫生。

九、思考题

（1）赤泥现状与危害？

（2）赤泥选铁的途径？

（3）赤泥资源化利用的思路？

实验 20　赤泥还原焙烧-磁选后非磁性物中铁的浸出-萃取

一、实验背景

赤泥是铝土矿生产氧化铝过程中产生的不溶性固体残渣，分为烧结法赤泥、拜耳法赤泥及拜耳-烧结联合法赤泥。目前，赤泥主要以露天堆存、深坑填埋等处理方式为主，但因其高碱性（pH 值 10~13）、高盐度，造成周围环境严重破坏，因此，开发赤泥高效增值利用技术，减少赤泥堆存，已成为氧化铝工业亟欲攻破的难题。铁是赤泥中含量最高的化学组分，占赤泥总量的 10%~50%，主要以赤铁矿的形式存在。除了可以通过磁选方式回收高铁品位赤泥中的铁，还可通过湿法工艺提高低品位赤泥或选铁后非磁性物中铁的利用率。

二、实验目的

（1）了解非磁性物中铁浸出的基本原理。
（2）掌握浸出与萃取工艺的操作要点及适用范围。
（3）了解化学滴定法测定赤泥中全铁含量的原理与方法。

三、实验原理

赤泥中的铁经磁化焙烧-磁选后转化为磁铁矿进入磁选精矿中，剩余铁由于磁性太弱或粒度太细等原因无法通过磁选回收，这部分铁将进入非磁性物产品中。本试验针对非磁性物中铁的回收开展研究，根据其赋存特点，采用酸法浸出及溶剂萃取的方法进行铁的分离。

酸法浸出是指采用盐酸、硝酸、硫酸、磷酸等无机酸浸出剂将非磁性物中的铁溶解，使其进入溶液中。溶剂萃取是指通过被萃物质在互不相溶的两种液相中分配特性的不同实现物质分离、富集的方法，因此也被称为“液-液萃取”。溶剂萃取法具有分离效率高、处理容量大、反应速度快等优点。溶剂萃取法可将酸浸液中的铁有效分离出来，溶液中的铁在合适萃取剂的作用下，可进入萃取剂的有机相中，实现铁与其他物质之间的有效分离，再将有机相中的铁反萃-洗脱出来进行沉淀，从而得到铁的沉淀产品。

非磁性物中铁的浸出原理如下：

$$Fe_2O_3+6H^+ = 2Fe^{3+}+3H_2O$$

$$Fe_3O_4+8H^+ = 3Fe^{3+}+4H_2O$$

溶液中铁的溶剂萃取原理如下：

$$Fe^{3+}+3(HA)_{2(O)} = Fe(HA_2)_{3(O)}+3H^+$$

四、仪器及试剂

主要仪器与设备：机械搅拌器、烧杯、梨形漏斗、滴定管、铁架台、锥形瓶、量筒、容量瓶。

药剂：磷酸、二（2-乙基已基）磷酸酯（P204）、煤油、二氯化锡、三氯化钛、钨酸钠、二苯胺磺酸钠、重铬酸钾（配置 0. 02 mol/L、0. 002 mol/L 两种浓度待用）。

材料：滤纸。

五、实验步骤

1. 常压酸浸实验方法

浸出过程在自然敞开体系下进行，采用无级调速搅拌机使物料充分悬浮于浸出剂溶液中，具体实验装置如图 4-2 所示。

图 4-2　赤泥酸浸实验装置

（1）采用蒸馏水配置 3 mol/L 的磷酸溶液。

（2）称取 5~10 g 物料和磷酸溶液，液固比为 10，依次加入 200 mL 烧杯，将烧杯放置在磁力搅拌器上，开启磁力搅拌器开关，设置搅拌速度，开始计时。

（3）浸出 60 min 后，关闭搅拌器，取下烧杯，倒出矿浆，立即用真空抽滤机过滤，并用蒸馏水多次洗涤浸出渣，过滤完成后将溶液定容 250 mL，将浸出渣置于 105 ℃烘箱中干燥完全，备用。

常压酸浸实验采用铁的实际浸出率作为评价指标，结合浸出前后物料的化学分析结果计算铁的实际浸出率，计算公式如下：

$$\varepsilon(\mathrm{Fe}) = \frac{55.85C_0 \cdot V_0}{m_0 \cdot \alpha} \times 100$$

$$\gamma = \frac{m_1}{m_0} \times 100$$

式中　$\varepsilon(\mathrm{Fe})$——原料中 Fe 的浸出率，%；

α——浸出前物料中 Fe 含量，%；

γ——浸出渣产率，%；

m_1——浸出渣质量，g；

m_0——浸出前物料质量，g；

C_0——浸出液定容后 Fe 的浓度，mol/L；

V_0——浸出液定容体积，本试验中为 250 mL。

2. 溶剂萃取实验方法

实验采取的萃取剂为酸性膦型有机萃取剂 P204，配置不同浓度萃取剂时采用煤油作为稀释剂。萃取时，依次向 125 mL 梨形分液漏斗中加入 10 mL 配置好的萃取剂及 30 mL 料液（相比为 1∶3）。将玻璃活塞插入漏斗口，使其密封好，之后将分液漏斗置于气浴恒温振荡器中，振荡完成后，取出分液漏斗、静置，待有机相与水相分层完全后放出萃余液(见图 4-3)，对水相中铁的含量进行分析。

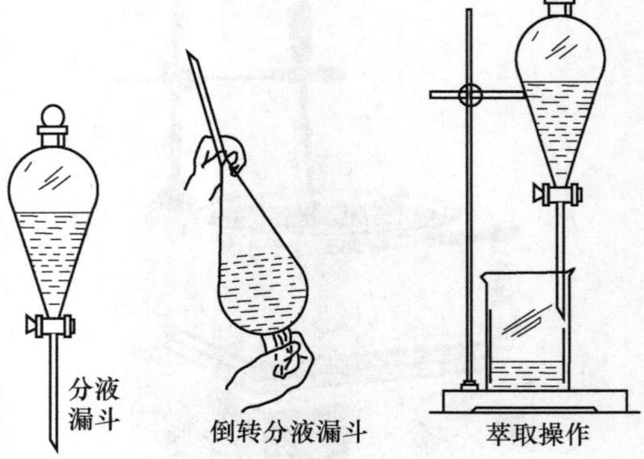

图 4-3　赤泥酸浸液中铁的萃取分离

以铁的实际萃取率作为评价指标，计算公式如下：

$$\eta(\mathrm{Fe}) = \left(1 - \frac{c_2 V_2}{c_1 V_1}\right) \times 100\%$$

式中　$\eta(\mathrm{Fe})$——Fe 的萃取率，%；

c_2——萃取水相定容后 Fe 的浓度，mol/L；

V_2——萃取水相定容体积，本实验中为 30 mL；

c_1——萃取前料液中 Fe 的浓度，mol/L；

V_1——萃取前料液体积，本实验中为 30 mL。

3. 浸出液和萃余液中 Fe^{3+} 浓度分析

取浸出液 30 mL，加热至沸，趁热滴加二氯化锡 5 滴左右，还原至浅黄色，待溶液冷却后，然后加钨酸钠指示剂 5~6 滴，用三氯化钛溶液还原至溶液呈蓝色，再滴加低浓度重铬酸钾（<0.001 mol/L）溶液氧化过量的三氯化钛至钨蓝色刚好消失。滴加二苯胺磺酸钠指示剂 3~4 滴，用 0.02 mol/L 或 0.002 mol/L 重铬酸钾标准溶液滴定至稳定的紫红色为终点。

溶液中 Fe^{3+} 的含量为：

$$c(\mathrm{Fe}^{3+}) = \frac{6 \times c_3 \times V_3}{V_4}$$

式中　c_3——重铬酸钾浓度，mol/L；

V_3——重铬酸钾滴定体积，mL；

V_4——浸出液或者萃余液体积，mL。

六、数据记录与结果处理

（1）计算铁的浸出率和浸出渣产率（见表 4-4）；
（2）计算不同萃取剂浓度下浸出液中铁的萃取率（见表 4-5）；
（3）绘制铁的萃取率与萃取剂浓度之间的关系图并加以说明；
（4）编写实验报告。

表 4-4　非磁性物浸出过程记录

浸出条件	浸出前非磁性物质量 m_1	非磁性物中 Fe 的含量 α/%	浸出渣质量 m_1/g	浸出液定容后体积 V_0/mL	浸出液中 Fe 的含量 c_0/mol · L^{-1}	浸出液 pH 值
磷酸浓度 3 mol/L，液固比为 10，浸出温度为 25 ℃，浸出时间为 60 min，搅拌速度为 350 r/min						

表 4-5　溶剂萃取过程记录

序号	P_{204} 浓度	萃取溶液体积 $V_1=V_2$	萃取前溶液中 Fe 的含量 c_1/mol/L	萃取后溶液中 Fe 的含量 c_2/mol/L	铁的萃取率 /%
1	5%				
2	10%				
3	20%				
4	30%				

七、注意事项

（1）浸出完成后浸出液过滤时，需提前准备好烘干称重的滤纸；
（2）浸出后浸出液要置于容量瓶中并定容，留好待后面溶剂萃取时使用；
（3）萃取时玻璃活塞要塞紧，以防萃取过程漏液；
（4）萃取结束后要等溶液静置分层，并缓慢将萃余液放出。

八、思考题

（1）非磁性物浸出时铁的浸出机理是什么？
（2）浸出液中铁的萃取机制是什么？
（3）溶剂萃取在提取冶金中的作用是什么？

实验 21 铜尾矿资源回收

一、实验背景

我国常见的铜矿物主要有硫化铜矿物和氧化铜矿物，硫化铜矿物主要有黄铜矿、辉铜矿、斑铜矿、铜蓝、黝铜矿、砷黝铜矿和硫砷铜矿等。氧化铜矿物主要有孔雀石、蓝铜矿、赤铜矿、硅孔雀石、黑铜矿、胆矾、水胆矾、氯铜矿和铜绿矾等。

铜是各类金属材料中人类应用范围最为广泛的金属之一，然而，随着经济发展铜矿资源需求量逐年递增，易采易选高品位的铜矿资源逐年萎缩，难采难选低品位的铜矿资源的开发利用已成必然趋势。我国早期铜矿资源开发受制于装备技术和生产工艺等因素，铜矿开采导致的铜尾矿堆存问题对社会安全和生态环境产生巨大隐患，铜尾矿含铜金属量巨大，从资源可持续利用角度出发，铜尾矿中有价元素的回收利用，对解决铜尾矿堆存问题，摆脱资源困境具有深远的现实意义。从国家发展战略大局来看，铜尾矿回收利用能促进铜矿资源市场良性可持续供应，现已逐步成为铜矿产业健康发展、降低成本的重要环节，提高铜尾矿中有价元素的回收对消耗铜尾矿，解决资源困境有重要的现实意义。

二、实验目的

（1）通过对铜尾矿的工艺矿物学研究，探究硫化铜与氧化铜的表面性质，以及在浮选过程中两者相互影响的作用，以此来指导后续浮选试验。

（2）掌握铜尾矿的浮选分离过程，精通实验室球磨机及浮选机的操作方法，以及浮选药剂的配置。

三、实验原理

1. 硫化铜浮选原理

铜矿矿物表面物理化学性质-疏水性差异是矿物浮选基础，表面疏水性不同的颗粒亲气性不同。基于硫化铜的疏水性较强，氧化铜的亲水性较强，采用“先硫后氧”的浮选方法先选别硫化铜再选别氧化铜。通过适当的途径改变或强化矿浆中目的矿物与非目的矿物之间表面疏水性差异，以气泡作为分选、分离载体的分选过程即浮选。在浮选槽中，矿浆经过搅拌后，捕收剂使硫化铜矿物表面疏水化，起泡剂降低水的表面张力形成气泡。硫化铜矿物附着在气泡上浮至矿浆表面形成泡沫层，而非目标矿物则留在矿浆中。泡沫层被刮出，实现硫化铜矿物的分离。

2. 氧化铜浮选原理

受硫化铜与氧化铜混合矿在矿浆中的相互影响，当混合矿中硫化铜比例占比较大时，硫化铜可以促进氧化铜的回收，这可能是由于氧化铜自身的性质。在破碎磨矿和矿浆搅拌过程中会形成较多的微细粒矿物，同时硫化铜与氧化铜表面的电位差较大，导致当硫化铜与氧化铜在矿浆混合搅拌后会发生矿物间静电吸附，使硫化铜表面附着一些氧化铜，而硫化铜在捕收剂作用下，可浮性较好，硫化铜的易浮促进了氧化铜的回收。当混合矿中氧化铜比例占比较大时，由于氧化铜自身的易碎性，在制备和矿浆搅拌过程中会产生大量的微细粒氧化铜在矿浆中弥散，虽然微细粒氧化铜由于电位差异会被硫化铜吸附，但由于氧化铜的含量高，导致硫化铜会被大量的氧化铜覆盖，影响硫化铜与捕收剂的吸附，另外，矿浆中大量未被硫化铜吸引的氧化铜微细粒会在矿浆弥散分布，溶出大量的Cu^{2+}消耗矿浆中的捕收剂，从而影响硫化铜矿的浮选。本实验中采用石灰作为pH值调整剂，水玻璃作为抑制剂，使用丁基黄药作为捕收剂，使用2号油作为起泡剂。

四、仪器及试剂

主要仪器与设备：球磨机、浮选机、烧杯、洗瓶、胶头滴管、电子天平，循环水式真空泵，真空干燥箱，烘箱、原子吸收光谱仪。

主要材料与药剂：铜尾矿、石灰、硫化钠、丁基黄药、水玻璃、2号油、分析纯盐酸、氢氟酸、硝酸、BCO溶液（称取0.1 g双环已酮草酰二腙新铜试剂加入50 mL无水乙醇搅拌再加入蒸馏水定容至100 mL容量瓶）、蒸馏水、纯水、pH试纸。

五、实验步骤

1. 硫化铜矿物浮选实验

（1）每次实验添加500 g矿物（细度已研磨好）和500 mL蒸馏水，搅拌调浆5 min。

（2）矿浆从烧杯容器中倒入浮选槽后，将浮选槽固紧到机架上，补水到浮选槽刻度线处，再开启浮选机，关闭进气阀门，调节搅拌转速为2000 r/min，搅拌矿浆5 min。

（3）按照药剂制度依次加入药剂，先加入质量浓度为10%的$Ca(OH)_2$溶液2 mL调节矿浆pH值为8左右，间隔2 min再加入质量浓度为10%的工业水玻璃（模数为2.3）溶液1 mL，抑制矿样中石英和黏土等杂质矿物，间隔2 min再加入质量浓度为2%的丁基黄药溶液和2滴2号油，搅拌5 min准备充气和刮泡。

（4）缓慢打开充气阀门，待浮选槽内形成一定厚度的泡沫后，打开自动刮泡器，刮板自动刮泡。在刮泡的过程中，由于泡沫的刮出，浮选槽内的液面会下降，需要向浮选槽内补加一定水量，维持槽内液面稳定。浮选时间达到后，停止刮泡，将泡沫产品（硫化铜精矿）过滤、烘干、称重，记入表中，然后用四分法或网格法称取硫化铜精矿，通过可见光分光光度计进行Cu品位分析。

（5）槽内产品继续搅拌，以备氧化铜矿物分选试验。

2. 氧化铜矿物浮选实验

（1）按照药剂制度依次加入药剂，先加入质量浓度为10%的Na_2S溶液1 mL强化氧化铜矿物的可浮性，间隔2 min再加入捕收剂质量浓度为2%的丁基黄药溶液，搅拌5 min准备充气和刮泡。

（2）缓慢打开充气阀门，待浮选槽内形成一定厚度的泡沫后，打开自动刮泡器，刮板自动刮泡。在刮泡的过程中，由于泡沫的刮出，浮选槽内的液面会下降，需要向浮选槽内补加一定水量，维持槽内液面稳定。浮选时间达到后，停止刮泡，关闭浮选机，将泡沫产品（氧化铜精矿）和槽内产品（硅渣）过滤、烘干、称重，记入表中，采用四分法或网格法称取氧化铜精矿，通过可见光分光光度计进行Cu品位分析。

铜尾矿浮选原则流程如图4-4所示。

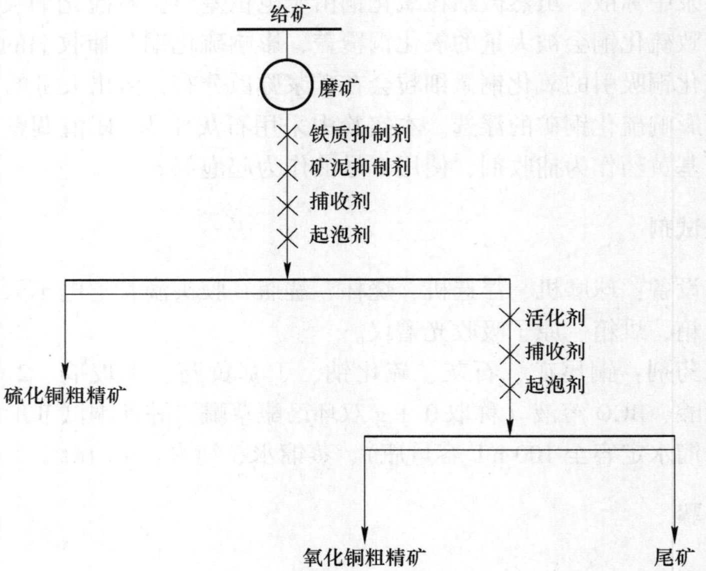

图 4-4　铜尾矿浮选原则流程

具体操作条件如下：

（1）温度 25 ℃。

（2）转速 2000 r/min。

（3）充气量 0.18 m^3/min。

（4）矿浆浓度 27.5%。

3. Cu 品位分析方法

（1）使用可见光分光光度计，用分光法测尾矿铜品位，制作标准曲线：

1）取铜标准 0.1 g，放入 50 mL 烧杯中；

2）加水润湿矿样表面；

3）烧杯放在预热好的电炉上；

4）加入浓硝酸 3 mL，1 min 后加入浓盐酸 3 mL；

5）烧杯内无明显液体时，关闭电炉；

6）加入 20 mL 缓冲溶液，使用玻璃棒搅拌均匀后移入 100 mL 容量瓶定容；

7）使用滤纸过滤后，取 25 mL 滤液放入 50 mL 容量瓶中；

8）加入 5 mL BCO 溶液后，定容；

9）摇匀后静置 15 min；

10）配置空白参比，将 5 mL 缓冲液和 5 mL 的 BCO 溶液定容至 50 mL；

11）选择波长为 600 nm；

12）透射比为“100%”后，使用 1 cm 比色皿测吸光度；

13）制作吸光度曲线：放置样品 15 min 在上述条件下测定吸光度，使用 Excel 软件统计分析，得到回归方程，求出系数 *K*。

（2）样品测试：

1）称取尾矿矿样 0.1 g，记为 M，放入 50 mL 烧杯中；
2）加水润湿矿样表面；
3）烧杯放在预热好的电炉上；
4）加入硝酸 3 mL，1 min 后加入盐酸 3 mL；
5）烧杯内无明显液体时，关闭电炉；
6）加入 20 mL 缓冲溶液，使用玻璃棒搅拌均匀后定容至 100 mL，记为 V_1；
7）使用滤纸过滤后，取 25 mL 放入容量瓶中，记为 V_2；
8）加入 5 mL BCO 后，定容至 50 mL 容量瓶，摇匀后静置 15 min；
9）配置参比，将 5 mL 缓冲液和 5 mL BCO 定容至 50 mL；
10）调整分光光度计波长为 600 nm，放入样品和参比；
11）记录数据，记吸光度为 A，根据式（4-8）计算尾矿中铜含量 c：

$$c=\frac{K\cdot A\cdot V_1}{M\cdot V_2} \tag{4-8}$$

（3）选矿工艺常用金属的品位 β 和回收率 ε 作为评价浮选指标，比较不同矿物的难易选别程度、浮选药剂的效果以及浮选工艺是否适用，计算公式如下所示：

$$\varepsilon_i=\frac{\gamma_i\times\beta_i}{\alpha_i\times 100\%}$$

式中 γ_i——产品 i 矿物产率；
β_i——产品 i 矿物品位；
α_i——原矿中 i 矿物的品位。

六、数据记录与结果处理

数据记录与结果处理见表 4-6。

表 4-6 实验数据记录

产品名称	质量/g	产率 γ/%	品位 β/%	回收率 ε/%
硫化铜精矿				
氧化铜精矿				
尾矿				
给矿				

七、注意事项

（1）精确调节矿浆的 pH 值，因为 pH 值对浮选效果有显著影响；
（2）严格按照实验步骤添加药剂，错误的顺序可能会影响浮选效果；
（3）严格遵守药剂添加的时间间隔，确保药剂充分反应；
（4）准确记录所有实验数据，包括质量、产率、品位和回收率。

八、思考题

（1）铜尾矿来源及组成？

（2）铜尾矿主要处理方法？

（3）简述捕收剂和起泡剂的作用机理。

实验 22　蒙脱土吸附稀土离子综合实验

一、实验背景

稀土元素（Rare Earth Elements，REEs）是镧、铈、镨、钕、钷、钐、铕、钆、铽、镝、钬、铒、铥、镱、镥、钪、钇等元素的总称，是现代工业的重要战略资源，被广泛应用于电子、光学、催化、能源等高科技领域。由于稀土独特的物理和化学性质，如优异的磁性、光学性和催化活性，其需求量与日俱增。然而，稀土资源的开采和冶炼过程中常会产生大量含有稀土离子的废水，这些稀土离子进入水体后，不仅会影响水生生态系统，还可能通过食物链对人类健康产生隐性危害。如何高效、低成本地回收废水中的稀土离子，已成为环境科学和资源化学研究的热点问题之一。

蒙脱土是一种以二八面体结构为主的层状硅酸盐矿物（见图 4-5），因其独特的层间结构、较大的比表面积和较强的阳离子交换能力，成为废水处理中的理想吸附剂。其层间距离可通过插层改性实现调控，从而提升对特定目标离子的吸附性能。此外，蒙脱土在酸碱和热稳定性方面的优异表现使其在吸附稀土离子的过程中具有良好的重复利用价值。通过对蒙脱土的改性研究，不仅能够提升其对稀土离子的吸附能力，还为探索其他功能化吸附剂的开发提供思路。

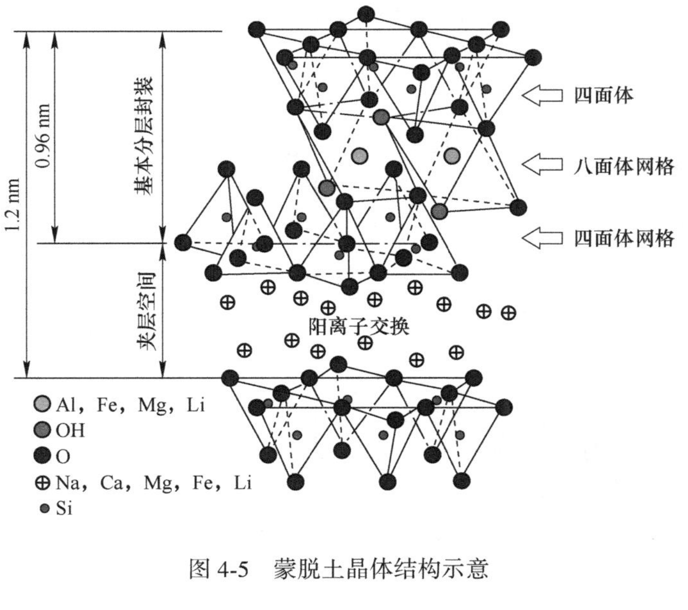

图 4-5　蒙脱土晶体结构示意

二、实验目的

（1）学习蒙脱土矿物结构，了解吸附过程。

（2）通过密封振荡平衡法讨论蒙脱土吸附稀土离子镧（La）的吸附特性。

（3）掌握 EDTA 络合滴定法测定稀土离子浓度的原理和方法。

三、基本原理

吸附是固体或液体表面对气体或溶质的吸着现象。被吸附的原子或分子被化学键牢牢吸住，即化学吸附。化学吸附中，被吸附层常为一个分子厚的薄层。吸附也可通过较弱的物理力发生，即物理吸附，通常形成几个分子层。

1. 蒙脱土的结构与特性

蒙脱土是膨润土的主要成分，又名“胶岭石”或者“微晶高岭石”，其主要成分是含水层状结构的铝硅酸盐，分布于世界各地，同时也是风化壳淋积型稀土矿尾矿中的主要成分之一。蒙脱土是含有大量同构置换的一类黏土矿物。相比于其他黏土矿物，蒙脱土具有层状结构和较大的比表面积，其层间可以发生阳离子交换。稀土离子在溶液中运动时，碰到蒙脱土表面会被吸引并停留在蒙脱土表面，通过离子交换的方式被吸附。由于其内外表面都有吸附位点，具有更优异的吸附能力。在 2∶1 层结构中，同构置换容易导致蒙脱土结构单元层存在一些位置产生永久的负电位点，这也是蒙脱土中存在吸附镧离子的活性位点。当溶液中离子浓度变化时，蒙脱土对离子的平衡吸附量也会随浓度产生变化。

2. 吸附过程

当稀土离子在溶液中运动时，会因蒙脱土表面存在的负电位点和其他活性位点被吸引，并停留在蒙脱土表面。同构置换形成的负电位点提供了对稀土离子（如镧离子）吸附的活性位点，如图 4-6 所示。吸附的动力学决定了稀土离子到达蒙脱土表面的速率，而吸附的热力学决定了吸附过程的可逆性和吸附量的平衡状态。

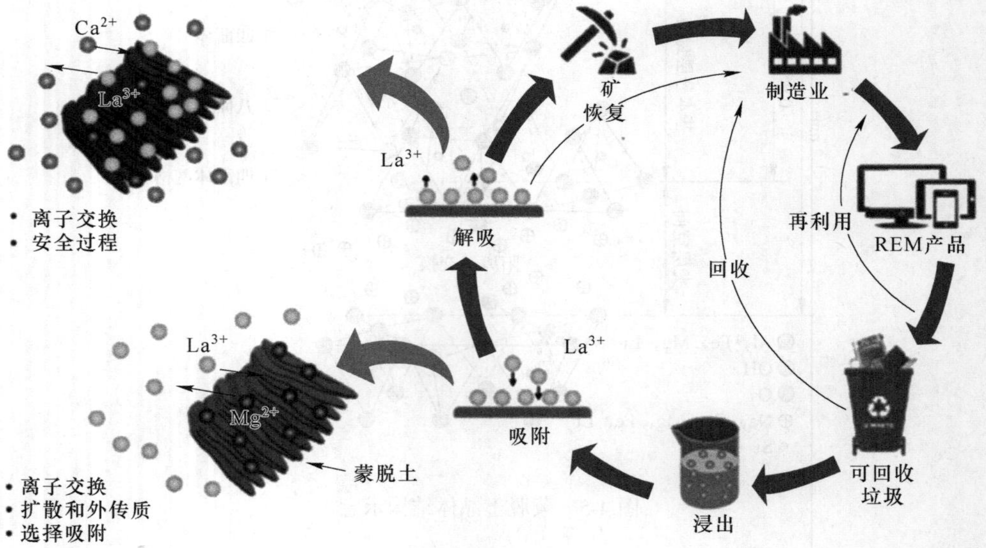

图 4-6　蒙脱土吸附镧离子示意

四、仪器及试剂

仪器设备：恒温水浴振荡仪、电子分析天平、1 L 容量瓶 1 个、250 mL 容量瓶 7 个、酸式滴定管 2 个、50 mL 锥形瓶 21 个、离心管若干、移液管。

药品材料：蒙脱土、硝酸镧、硝酸钇、浓硝酸、乙二胺四乙酸二钠、氧化锌、抗坏血酸、磺基水杨酸、二甲酚橙、六次甲基四胺、盐酸和浓氨水等。

五、实验步骤

1. 稀土溶液配制

（1）称取一定量硝酸镧，溶解于 1 L 容量瓶中，蒸馏水定容，配制 0.1 mol/L 硝酸镧溶液。

（2）分别准确移取适量溶液转移到 250 mL 容量瓶，稀释到所需浓度，定容后用作稀土溶液。稀释所需浓度所需取液体积见表 4-7。

表 4-7　稀土溶液配制表

序号	稀释量（取液体积）/mL	稀土溶液浓度/mmol · L^{-1}
1	2	0.8
2	5	2.0
3	10	4.0
4	15	6.0
5	20	8.0
6	25	10.0
7	30	12.0

2. 吸附实验

考察稀土溶液初始浓度对 La^{3+} 吸附过程的影响规律。密封振荡实验均在恒温水浴振荡仪进行。

实验条件：固液比为 0.5 g/25 mL；La^{3+} 为 0.8~12 mmol/L；恒温水浴振荡仪的振荡速率为 165 r/min；液固接触时间为 2 h。准确称取 0.5 g 的蒙脱土与 25 mL 的稀土溶液混合放置于 50 mL 离心管中，密封后于振荡仪振荡 2 h，循环水真空泵和砂芯漏斗抽滤，得到吸附后稀土滤液。采用 EDTA（乙二胺四乙酸）滴定法，测出滤液中稀土离子的浓度，计算吸附量。

3. La^{3+} 浓度测定

吸附前后溶液中的 La^{3+} 采用 EDTA 容量法测定。

准确移取适量稀土溶液，在 pH 值为 5.0~5.5 的条件下，以二甲酚橙为指示剂，用 EDTA 标准溶液滴定稀土。用移液管准确移取适量稀土溶液，加入 25 mL 蒸馏水稀释，最后用 EDTA 标准溶液滴定（见图 4-7）。平行滴定 3 份，取其平均值。

图 4-7　实验操作步骤

稀土离子的质量浓度计算公式如下：

$$c' = \frac{V \times c}{V_1} \times M_{REO3/2} \tag{4-9}$$

式中　c'——稀土的质量浓度，g/L；

V——滴定溶液所消耗的 EDTA 标液的体积，mL；

c——EDTA 标准滴定溶液的实际摩尔浓度，mol/L；

V_1——每次移取待测稀土试样的体积，mL；

$M_{REO3/2}$——稀土氧化物平均分子量，g/mol。

六、试验数据的记录及整理

（1）将实验数据及现象记录于表 4-8 中。

表 4-8　实验数据记录

一元吸附液					EDTA 滴定 RE					
初始浓度 /mmol · L^{-1}	溶液用量 V/mL	蒙脱石 /g	液固比	$V_{样}$ /mL	1 号	2 号	3 号	平均体积 /mL	质量浓度 /mg · L^{-1}	摩尔浓度 /mmol · L^{-1}
0. 8	25	0. 5	50	5						
2	25	0. 5	50	5						
4	25	0. 5	50	2						
6	25	0. 5	50	2						
8	25	0. 5	50	1						
10	25	0. 5	50	1						
12	25	0. 5	50	0. 5						

（2）根据实验数据，结合式（4-9），作图绘制溶液初始浓度对蒙脱土吸附影响曲线(其中横坐标为镧离子初始浓度，纵坐标为吸附量)，分析实验结果，考察初始浓度对蒙脱土吸附镧离子的影响。

（3）编写实验报告。

七、注意事项

(1) 配置初始稀土溶液时称量硝酸镧克重要准确到小数点后4位;

(2) 在移取溶液稀释过程当中注意移液管的使用要精确,避免与设定初始浓度存在误差;

(3) 在滴定过程当中3个平行滴定结果差应在0.10以内,否则实验应重新进行;

(4) 质量指标误差分析(不同对象对应有不同的要求,具体请参考有关标准)。

八、思考题

(1) 稀土的可溶化合物是哪些?不溶化合物是哪些?

(2) 简述稀土的主要用途。

(3) 蒙脱土在吸附领域中的应用。

实验 23　风化壳淋积型稀土矿稀土浸出

一、实验背景

稀土是我国含量较为丰富的矿产资源，因为其独特的电子层结构，被广泛应用于冶金、军事、石油化工、高新材料、农业等领域。其中风化壳淋积型稀土矿是我国独有的一种稀土矿，具有重要的战略意义。风化壳淋积型稀土矿中的稀土元素主要以水合或羟基水合离子吸附在黏土矿物上，常规的物理方法很难从矿石中富集回收稀土，但可用电解质溶液通过离子交换将稀土离子交换于浸取溶液中，再通过沉淀回收稀土。风化壳淋积型稀土矿已经发展出了三代浸出稀土的工艺。第一代浸取工艺采用桶浸和池浸的方法，以氯化钠作为浸取剂浸取稀土；第二代浸出工艺采用堆浸的方法，以硫酸铵代替氯化钠作为浸取剂回收稀土；第三代浸出工艺采用原地浸出工艺（见图 4-8 和图 4-9），即浸取剂溶液通过注液井注入矿体中，浸取液通过渗流作用扩散至矿体内部，选择性地将黏土矿物上吸附的稀土离子交换、浸取出来，这也是目前广泛应用的稀土开采工艺。原地浸出工艺对矿山植被的破坏性较小，但是由于各地区风化壳淋积型稀土矿矿体的渗透性和风化层厚度不同，导致浸出过程中渗流速率和稀土传质效率的差异。同时，大量浸取剂的注入影响了矿体的微观结构和水膜厚度，进而改变矿体的渗透性，影响山体的边坡稳定性，导致山体滑坡等地质灾害的发生，影响生态环境和矿山周边的安全及矿山经济效益。因此，研究风化壳淋积型稀土矿浸出过程对于解决稀土浸出过程中存在的问题和优化原地浸出工艺具有重要意义。

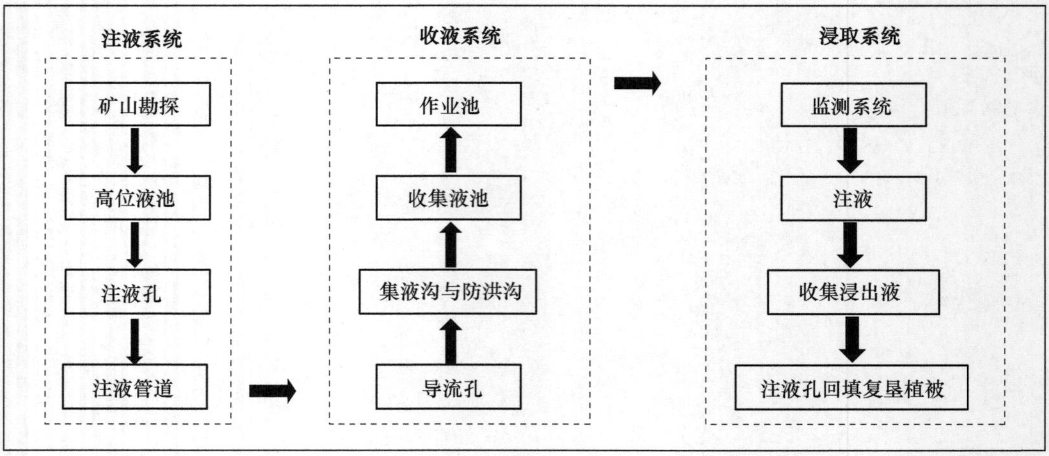

图 4-8　风化壳淋积型稀土矿原地浸出工艺流程

二、实验目的

（1）学习风化壳淋积型稀土矿浸取过程的基本原理与方法。

（2）了解浸取剂溶液的配制方法。

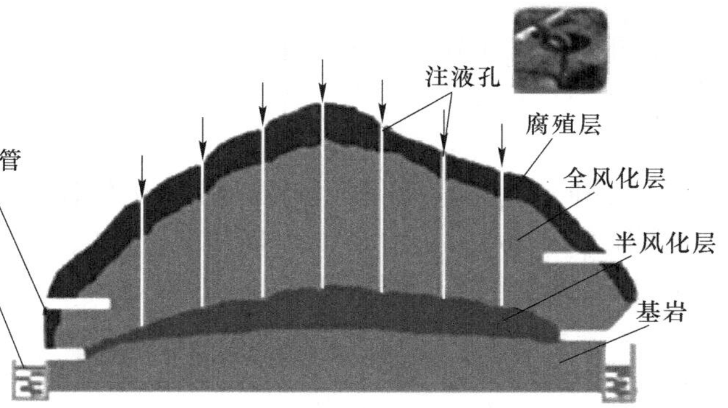

图 4-9　原地浸出示意图

（3）掌握 EDTA 络合滴定法测定稀土含量的分析方法。

三、实验原理

风化壳淋积型稀土矿床可以看作一个巨大的无机型离子交换树脂，吸附稀土离子的黏土矿物 $[Al_2Si_2O_5(OH)_4]_m \cdot nRE^{3+}$ 可看作固定相，而含有浸取剂的溶液则为流动相。黏土矿物上的稀土离子与溶液中电荷相同的离子进行交换，使溶液中的浸取剂阳离子被吸附上去，稀土离子被解吸下来。这种离子交换反应是一个可逆反应，也是非均相反应，此反应奠定了风化壳淋积型稀土矿浸出工艺的理论基础。以铵盐为例，其化学反应方程式可表示为：

$$[Al_2Si_2O_5(OH)_4]_m \cdot nRE^{3+}_{(s)} + 3nNH^{+}_{4(aq)} \rightleftharpoons [Al_2Si_2O_5(OH)_4]_m \cdot (NH_4^{+})_{3n(s)} + nRE^{3+}_{(aq)}$$

$$[Al(OH)_6Si_2O_5(OH)_3]_m \cdot nRE^{3+}_{(s)} + 3nNH^{+}_{4(aq)} \rightleftharpoons [Al(OH)_6Si_2O_5(OH)_3]_m \cdot (NH_4^{+})_{3n(s)} + nRE^{3+}_{(aq)}$$

$$[KAl_2(AlSi_3O_{10})(OH)_2]_m \cdot nRE^{3+}_{(s)} + 3nNH^{+}_{4(aq)} \rightleftharpoons [KAl_2(AlSiO_5O_{10})(OH)_2]_m \cdot (NH_4^{+})_{3n(s)} + nRE^{3+}_{(aq)}$$

也可表示为：

$$[Al_4(Si_4O_{10})(OH)_8]_m \cdot nRE^{3+}_{(s)} + 3nNH^{+}_{4(aq)} \rightleftharpoons [Al_4(Si_4O_{10})(OH)_8]_m \cdot (NH_4^{+})_{3n(s)} + nRE^{3+}_{(aq)}$$

四、仪器及试剂

主要的仪器和设备：搅拌器、烧杯（500 mL）、布氏漏斗、抽滤瓶、真空泵、电子分析天平、酸式滴定管、铁架台、锥形瓶（100 mL）、移液管、容量瓶（1000 mL、500 mL）。

药品：硫酸铵（分析纯）、5-磺基水杨酸（分析纯）、六次甲基四胺（分析纯）、抗坏血酸、二甲酚橙、盐酸（1∶1）、氨水（1∶1）、乙二胺四乙酸二钠（EDTA）。

材料：滤纸、pH 试纸。

五、实验步骤

1. 风化壳淋积型稀土矿的搅拌浸取

用电子分析天平称取 20 g 风化壳淋积型稀土矿，将其放入 500 mL 洁净的烧杯中。将带有稀土矿的烧杯放在搅拌器上，然后将已配制好的硫酸铵溶液取 100 mL，按液固比 5：1 倒入装有稀土矿的烧杯中，打开搅拌器进行搅拌浸取，搅拌时间为 30 min。采用不同浓度的硫酸铵溶液重复上述浸取步骤。

2. 硫酸铵溶液配制

用电子分析天平分别准确称取一定量硫酸铵，将其放入小烧杯中溶解，倒入 500 mL 容量瓶中定容，分别配制 0. 05 mol/L、0. 075 mol/L、0. 1 mol/L、0. 125 mol/L、0. 15 mol/L、0. 2 mol/L、0. 25 mol/L 硫酸铵溶液。具体硫酸铵用量填入表 4-9。

表 4-9 不同浓度的硫酸铵溶液配制

药剂	$c[(NH_4)_2SO_4]$/mol·L^{-1}	硫酸铵重量/g
硫酸铵	0. 05	
	0. 075	
	0. 1	
	0. 125	
	0. 15	
	0. 2	
	0. 25	

3. 液固分离

将搅拌浸取之后的液固混合物转移至布氏漏斗上，减压抽滤，得到稀土浸出液。

4. 稀土含量的测定

用移液管准确量取 10 mL 稀土浸出液，转移到 100 mL 的锥形瓶中，加入 25 mL 蒸馏水，然后依次加入 0. 1 g 抗坏血酸、2 mL 磺基水杨酸溶液、（以抗坏血酸和磺基水杨酸掩蔽铁、铝等杂质离子）用盐酸（1：1）或氨水（1：1）调节溶液的 pH 值为 5. 0~5. 5 后加入 5 mL 六次甲基四胺缓冲溶液，再滴入 2 滴配制好的二甲酚橙溶液，此时溶液为紫红色，最后用 EDTA 标准溶液进行滴定，当溶液由紫红色变为亮黄色时停止滴定，此时即为滴定终点，分析其中稀土的含量。计算公式如下：

$$c(RE_2O_3)=\frac{c(EDTA)\cdot\overline{V}(EDTA)}{2V_0}\times M(RE_2O_3)$$

式中 $c(RE_2O_3)$——稀土氧化物浓度，g/L；

$c(EDTA)$——EDTA 标准溶液的摩尔浓度，取 0. 00079 mol/L；

$\overline{V}(EDTA)$——3 次平行滴定实验 EDTA 标准溶液消耗的体积平均值，mL；

V_0——取样体积，mL；

$M(RE_2O_3)$——稀土氧化物的平均相对分子质量，取 344 g/mol。

六、数据记录与结果处理

（1）记录每次消耗的 EDTA 的量，将数据记入表 4-10 和表 4-11 中。

表 4-10　试验数据记录

试验日期：　　　年　　　月　　　日

序号	硫酸铵浓度 $/mol \cdot L^{-1}$	V(样) /mL	V_0(取样) /mL	V(消耗 EDTA 的量)/mL		
				1	2	3
1						
2						
3						
4						
5						
6						
7						

表 4-11　试验结果

序号	硫酸铵浓度 $/mol \cdot L^{-1}$	V_0 取样/mL	$\overline{V}$(EDTA)/mL	$c(RE_2O_3)/g \cdot L^{-1}$
1				
2				
3				
4				
5				
6				
7				

（2）依据式（4-10），绘制出不同硫酸铵浓度对稀土浸出率的关系曲线图：

$$\text{稀土浸出率} = \frac{c(RE_2O_3) \times V_{\text{样}} \times 0.001 \times 100}{m_{\text{矿}} \times \beta} \tag{4-10}$$

式中　β——矿的稀土品位，取 0.14%。

（3）编写实验报告。

七、注意事项

（1）配制硫酸铵溶液时要保证称量得准确。

（2）试验中注意回收稀土尾矿和稀土浸出液。

（3）进行 EDTA 滴定时，刚开始滴定的速度可以稍快些，但不能让 EDTA 溶液像流水似的流下去，临近终点时要缓慢滴入。特别要注意滴定过程中溶液颜色的变化。

八、思考题

（1）什么是稀土元素？轻稀土元素、中稀土元素、重稀土元素分别是什么？

（2）风化壳淋积型稀土矿的浸出工艺有哪些？

（3）查阅文献，加强对风化壳淋积型稀土矿的形成、浸出理论的理解。

（4）以二甲酚橙为指示剂，用标准 EDTA 溶液滴定时，滴定前是如何调节溶液为 pH = 5~6 的缓冲溶液？

实验 24 磷石膏制备高纯石膏综合实验

一、实验背景

磷石膏（$CaSO_4 \cdot 2H_2O$）是磷化工行业在生产磷肥过程中产生的副产品，每年产生的大量磷石膏废弃物在全球范围内造成了严重的环境污染问题。磷石膏的资源化利用，尤其是其高纯石膏的制备，具有重要的经济和环境价值。高纯石膏不仅可用于建筑、冶金、环保等领域，且在石膏板、石膏水泥、装饰性涂料及陶瓷等行业中具有广泛应用。随着资源回收和环境保护意识的提高，磷石膏的综合回收技术逐渐成为研究的热点。然而，磷石膏的回收利用面临一定的技术挑战，特别是如何有效地去除其中的杂质（如铁矿物、硅土等）并提高石膏的纯度。传统的物理分选方法，如重力分选和磁选，无法充分分离磷石膏中的杂质，往往难以获得高纯度的石膏。因此，采用浮选法，利用磷石膏中各矿物的表面性质差异进行分选，是一种行之有效的方式。浮选法作为一种成熟的矿物分离技术，已经在多种矿物的选矿过程中得到了广泛应用。在磷石膏的浮选过程中，通过选择适当的浮选剂和调整浮选条件，可以实现石膏矿物与杂质矿物的分离，从而制备高纯度石膏，达到资源化利用的目的。

二、实验目的

（1）掌握磷石膏浮选法制备高纯石膏的实验操作技能。

（2）了解浮选法对磷石膏中杂质去除效果的影响。

（3）学习如何通过实验数据分析浮选效果，评估其回收率及纯度。

（4）提高学生对矿物资源化利用及环境保护的认识。

三、实验原理

浮选法是通过矿物表面的物理化学性质差异，将有价值矿物与杂质矿物分离的一种方法。磷石膏的浮选主要依赖矿物颗粒的物理化学性质差异。石膏矿物的表面在适当的条件下可以被浮选剂（如阴离子型浮选剂）吸附，使其表面表现出疏水性，从而在气泡作用下上浮。而石膏矿物中的杂质矿物（如硅土、铁矿物等）表面通常较为亲水，不容易附着气泡，因而沉降到浮选槽的底部。

1. 浮选机工作原理

浮选机通过空气或氧气在矿浆中产生气泡，这些气泡会附着在疏水性矿物颗粒的表面，并随着气泡一起上升至浮选槽表面形成泡沫层。泡沫层中的矿物被及时收集，而未能附着气泡的矿物则沉降到矿浆底部。在浮选过程中，矿物的颗粒大小、药剂的种类与浓度、浮选时间等因素都会影响浮选效果。

2. 磷石膏的浮选特性

磷石膏中石膏矿物与杂质矿物的矿物组成、表面性质及粒度差异较大。浮选法利用这种差异，尤其是石膏矿物表面可以通过浮选剂的作用转变为疏水性，使得石膏矿物能够附着气泡并浮升。常用的浮选剂包括阳离子型浮选剂（如季铵盐类）、阴离子型浮选剂（如油酸、松香酸等）及非离子型浮选剂。药剂的选择与浓度直接影响浮选效果。

3. 浮选药剂的作用机理

浮选剂：分为捕收剂和起泡剂。捕收剂通过改变矿物表面性质，使目标矿物的疏水性增强。起泡剂则通过生成稳定的气泡，增强矿物颗粒与气泡的附着力。

抑制剂：在浮选过程中，抑制剂的作用是抑制杂质矿物的浮选，减少杂质矿物的上浮，确保只有目标矿物（石膏）能够浮升到泡沫层中。

4. 浮选过程中的 pH 值控制

pH 值对浮选效果的影响显著。在适宜的 pH 范围内，浮选剂与石膏矿物表面能发生良好的化学吸附作用，而杂质矿物在此条件下通常保持较强的亲水性，难以附着在气泡上。

5. 影响浮选效果的因素

浮选时间：过长或过短都会影响分离效果。时间过短可能导致浮选不完全，时间过长则可能导致回收的矿物纯度降低。

浮选药剂的种类和浓度：不同的浮选药剂对矿物的吸附作用不同，需要根据实验情况选择最适合的浮选剂。

矿浆浓度：过高或过低都可能导致浮选效果的不稳定。适当的矿浆浓度能保证气泡与矿物颗粒的有效接触。

通过这些浮选原理，可以有效分离出磷石膏中的石膏矿物，而杂质矿物则被去除，从而获得纯度较高的石膏。这一过程不仅有助于磷石膏的资源化利用，还能减少磷石膏的环境负担，具有重要的经济和环境意义。

四、仪器及试剂

仪器：浮选机、白度仪、分析天平、烘箱、球磨机、振动筛、pH 计、玻璃量筒、烧杯等常规实验器具。

试剂：磷石膏样品、浮选剂（如柴油、油酸等）、泡沫抑制剂（如聚乙烯醇）、稀酸或稀碱（调节 pH 值）、去离子水。

五、实验步骤

1. 准备工作

称取一定质量的磷石膏样品（约 100 克），用去离子水清洗，去除表面杂质。

将磷石膏样品进行破碎，筛分得到一定粒度的矿物。

2. 浮选实验

（1）将磷石膏样品加入浮选槽中，并调整 pH 值至 7~8，加入一定量的浮选剂（煤油用量 800 g/t、松醇油用量 10 g/t 条件下脱碳；十二胺用量 200 g/t 条件下脱硅）。

（2）启动浮选机，调节风量与搅拌速度，持续浮选一定时间（如 3~5 min）。

（3）收集浮选泡沫层，将其转移到烧杯中，进行烘干处理。

（4）浮选产品分析测试白度数据，每个样品测试 3 次，取平均值记录。

3. 样品处理

（1）对浮选后的产物进行干燥，记录浮选产物的质量。

（2）测定产物的白度及杂质含量。

4. 数据记录

记录实验中的浮选时间、药剂加入量、浮选回收率等数据。

六、数据记录与结果处理

实验的数据记录见表 4-12。

（1）白度分析：使用白度仪测定浮选产物的白度；

（2）结果分析：比较不同浮选剂、pH 值、浮选时间对磷石膏浮选效果的影响，选择最佳工艺条件。

表 4-12　浮选实验数据记录

序号	产品	白度平均值
1	原磷石膏	
2	浮选精矿	
3	浮选尾矿	

七、注意事项

（1）浮选剂的加入量应根据实际情况调整，过量或过少都会影响浮选效果；

（2）浮选槽的清洁度应保持良好，避免杂质对实验结果的干扰；

（3）在调节 pH 值时，尽量使用缓慢滴加的方法，避免剧烈变化；

（4）实验过程中注意安全，操作浮选机时应避免接触转动部件；

（5）实验结束后，清洁实验用具，确保下次实验的顺利进行。

八、　思考题

（1）试分析不同浮选剂对磷石膏浮选效果的影响，并提出可能的改进措施。

（2）你认为浮选法制备高纯石膏在工业应用中的可行性如何？是否有更为高效的技术手段？

（3）磷石膏浮选过程中，如何通过优化工艺条件提高石膏的回收率与纯度？

实验 25　磷尾矿制备水处理材料

一、实验背景

在我国，仅有少部分磷尾矿是与磷矿共同开采时的伴生尾岩，或是在开采过程中被丢弃的低品位矿石，绝大部分磷尾矿是磷矿石为满足湿法磷酸工艺提高原矿品位要求，通过各种选矿技术对磷进行富集过程中所产生的副产物，属于矿业固体废弃物，可分为正选磷尾矿和反选磷尾矿。目前回收和利用磷尾矿中的磷资源仍存在很大的工艺技术困难。尾矿的处置途径主要为建设尾矿库，作为固体废物堆存。磷尾矿的堆存对社会及生态环境会造成一系列恶劣影响。

减轻磷尾矿库对环境的危害，增强安全生产可靠性，开发利用磷尾矿是提高企业效益，实现磷资源可持续利用的必由之路，如何有效地处理和利用磷尾矿已成为亟待解决的环境问题。磷尾矿中含有丰富的 P、Ca、Mg、Si 等可供利用的元素，这些元素不仅是具有开发和利用潜力的优质资源，同时还可实现资源循环利用。磷尾矿的再利用不仅有助于解决环境、安全问题，还能有效减少资源的不必要浪费。

二、实验目的

（1）研究分析磷尾矿矿物组成、主要成分及其分布规律。

（2）学习尾矿制备陶粒水处理材料的基本原理及操作过程。

（3）研究磷尾矿基陶粒对含磷废水的吸附机理。

三、实验原理

1. 陶粒制备原理

陶粒的制备主要利用了磷矿浮选尾矿和蒙脱石作为原料。正选磷尾矿利用正浮选技术，在碱性环境中使含磷矿物随着捕收剂上浮至泡沫产品里，并借助水玻璃的抑制作用，实现硅酸盐类脉石矿物（尤其是石英）与含磷矿物的分离，从而提高精矿品位。在正选高硅磷矿尾矿中，主要存在 SiO_2、$Ca_5(PO_4)_3F$ 等物质，同时含有少量的 $CaMg(CO_3)_2$，具有丰富的硅资源。反选磷尾矿通过反浮选工艺在酸性环境中，碳酸盐类脉石矿物（尤其是白云石（$CaMg(CO_3)_2$）会与捕收剂结合上浮，在磷酸或磷的衍生物的抑制作用下使磷精矿沉入槽底，实现将含磷矿物与脉石矿物分离，达到提高精矿品位的目的。反选产生的磷尾矿的物相以 $CaMg(CO_3)_2$ 为主，同时还伴生少量 $Ca_5(PO_4)_3F$ 和 SiO_2，具有丰富的钙资源和镁资源。

陶粒的制备选用正选磷尾矿和反选磷尾矿作为主要原料，其中正选磷尾矿提供了大量的 SiO_2 和 Al_2O_3，构建了陶粒的骨架结构；反选磷尾矿则因其高钙镁含量，在焙烧过程中生成氧化钙（CaO）和氧化镁（MgO）等金属氧化物，这些金属氧化物能与磷酸根形成磷酸盐沉淀物，实现除磷目的。蒙脱石作为黏结剂，可增强原料间的黏结性，提高陶粒强度。制备过程包括烘干、破碎、称量配置、研磨、造粒、过筛、干燥及焙烧等步骤。

2. 磷吸附原理

陶粒对含磷废水中的磷酸盐吸附主要包括物理吸附和化学吸附两种机制。物理吸附利用了陶粒的高比表面积和多孔结构，提供了大量的吸附位点，使磷酸盐能够被吸附在陶粒表面。化学吸附则涉及陶粒表面与磷酸盐之间的化学反应，包括静电吸引、配体交换和化学沉淀。在 pH 值低于陶粒的等电点时，陶粒表面带正电，与带负电的磷酸根离子产生静电吸引；配体交换过程中，陶粒中的碳酸盐与磷酸根阴离子发生交换，释放出 OH^-；化学沉淀则是陶粒中的碱性金属氧化物与磷酸根离子反应生成难溶性的磷酸盐沉淀物，如 $Ca_5(PO_4)_3OH$。

四、仪器及试剂

主要仪器与设备：电子天平、包衣机、电热恒温鼓风干燥箱、pH 计、容量瓶、三头研磨机、不锈钢电热蒸馏水器、紫外分光光度计。

主要材料与药剂：正选磷尾矿、反选磷尾矿、蒙脱石、蒸馏水、磷酸二氢钾、钼酸铵、抗坏血酸、浓硫酸、盐酸、氢氧化钠、酒石酸锑钾。

五、实验步骤

1. 多孔陶粒制备实验

陶粒的制备工艺流程（见图 4-10）主要包括确定原料配比、造粒、干燥、预热、焙烧、冷却等流程。陶粒的具体制备工艺如下：

（1）混匀：称取一定量的磷尾矿和蒙脱石经过 25～35 min 的研磨时间后过 200 目（0.074 mm）筛，再分别称取磷矿正尾矿 10 g、磷矿反尾矿 20 g、蒙脱石 20 g 充分混匀。

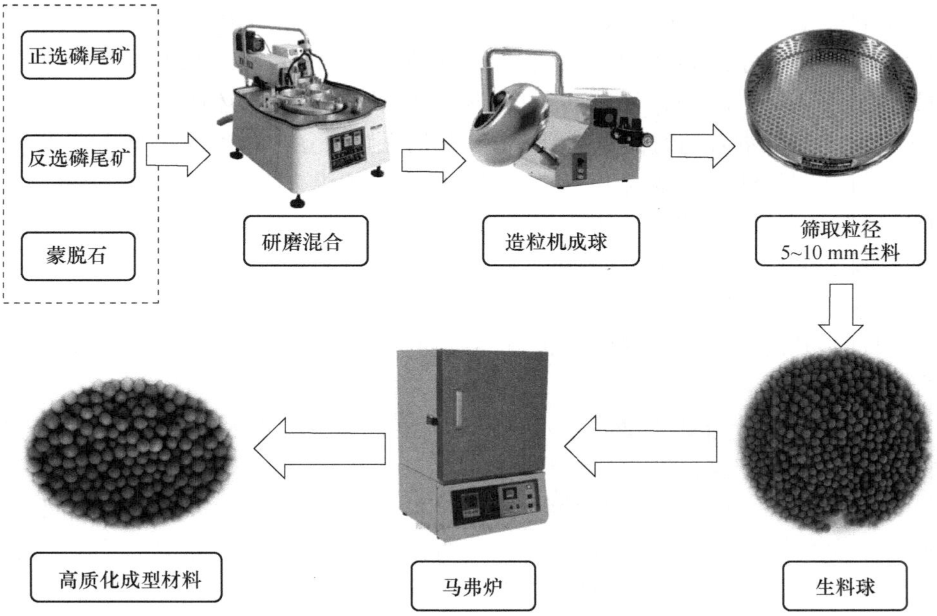

图 4-10　多孔陶粒制备流程

（2）造粒：设置造粒机转速为 40 r/min 并调整圆锅角度为 60°。启动造粒机待转速恒定，将研磨后的物料慢慢加入到圆锅内待滚动状态趋于稳定后（大约 20 s），往物料上慢慢洒水，喷壶喷头需设置成花洒状，一次喷水持续约 1 s，每次喷水间隔 5 s，成型后取直径为 4~8 mm 的料球。

（3）干燥：将生料球置于烘箱中 100 ℃±2 ℃下干燥 2 h。

（4）预热：将干燥料球放入刚玉坩埚并移至马弗炉中，以 300 ℃预热 30 min。

（5）焙烧：在马弗炉预热后以 1050 ℃焙烧 60 min。

（6）冷却：焙烧结束后在马弗炉中自然冷却，得到多孔陶粒。

2. 含磷废水的吸附实验

（1）标准溶液配置

1）磷标准贮备液：称取 110 ℃烘干 2 h 后的磷酸二氢钾固体 0.2197 g，用蒸馏水溶解后移入 1000 mL 容量瓶内，再加入（1+1）的硫酸 5 mL，标定后得到磷浓度为 50 mg/L（以 P 计）的标准储备溶液。

2）磷标准使用液：量取 50 mL 磷标准贮备液转移至 250 mL 的容量瓶中，用蒸馏水稀释至刻度线，得到磷浓度为 10 mg/L 的标准使用溶液。

3）钼酸盐溶液：称取 13 g 钼酸铵溶解于 100 mL 蒸馏水中，称取 0.35 g 的酒石酸锑氧钾溶解于 100 mL 蒸馏水中，缓慢地将钼酸铵溶液加入 300 mL（1+1）的硫酸溶液中，并不断搅拌，再加入酒石酸锑氧钾溶液，使混合溶液充分混匀，放于棕色试剂瓶内冷藏保存。

4）抗坏血酸溶液：称取 10 g 抗坏血酸，蒸馏水溶解后转移至 100 mL 容量瓶中，标定混匀后放于棕色试剂瓶内冷藏保存。

（2）标准曲线的绘制

本实验参照《水质　总磷的测定　钼酸铵分光光度法》（GB/T 11893—1989），准备 50 mL 比色管 7 支，分别将磷酸盐标准使用液稀释为 0 mg/L、0.1 mg/L、0.2 mg/L、0.4 mg/L、0.6 mg/L、0.8 mg/L、1 mg/L，加入 1 mL 的 10%抗坏血酸并摇匀，30 s 后各加入 2 mL 钼酸盐溶液混合均匀，静置 15 min，然后在紫外分光光度计中 700 nm 波长下测定不同浓度磷溶液的吸光度。以磷浓度为横坐标，吸光度为纵坐标，绘制标准曲线，计算线性回归方程。实验过程中测出各样品的吸光度均代入线性回归方程求出样品中磷的浓度。

（3）磷吸附实验具体步骤

1）混合：称量含磷废水 50 mL 置于锥形瓶中，称取一定质量的多孔陶粒，按照投加量 40 g/L 投加多孔陶粒，投加到盛有含磷溶液的锥形瓶中，进行吸附质材料与吸附剂溶液的混合。

2）恒温振荡：将上述锥形瓶置于水浴恒温振荡器中，设置水浴温度为 25 ℃，时间为 4 h，振荡转速为 120 r/min。

3）取样、过滤、测定：恒温振荡结束后取样。因振荡过程中，多孔陶粒间碰撞摩擦会产生滤渣，为避免所取溶液中滤渣对吸光度的影响，需对所取水样用水系 0.22 μm 微孔滤膜取上清液，采用紫外分光光度计在 700 nm 处测定剩余总磷含量。

（4）磷测定与计算

样品中磷酸盐含量的测量采用《水质　总磷的测定　钼酸铵分光光度法》（GB 11893—

1989)，吸附完成后取 0. 45 μm 的微孔滤膜过滤液 5 mL 于 50 mL 比色管中，定容至 25 mL 刻度线并加入 4 mL 的过硫酸钾溶液进行 120 °C 加热 30 min，冷却后定容至 50 mL 刻度线，加入 1 mL 的 10%抗坏血酸并摇匀，30 s 后各加入 2 mL 钼酸盐溶液混合均匀，静置 15 min，然后在紫外分光光度计中 700 nm 波长下测定不同浓度磷溶液的吸光度值，通过标准曲线方程计算出 PO_4^{3-}-P 的浓度。

磷的吸附率和吸附量计算公式如下：

$$\eta = \frac{c_0 - c_e}{c_0} \times 100\% \tag{4-11}$$

式中　η——磷吸附率,%；

c_0——溶液中的初始磷浓度，mg/L；

c_e——吸附平衡时溶液中的磷浓度，mg/L。

$$q_e = \frac{c_0 - c_e}{m} \tag{4-12}$$

式中　q_e——磷吸附量，mg/g；

c_0——溶液中的初始磷浓度，mg/L；

c_e——吸附平衡时溶液中的磷浓度，mg/L；

m——陶粒投加量，g/L。

六、数据记录与结果处理

（1）实验条件及测试结果记录于表 4-13。

表 4-13　陶粒对含磷废水中磷酸盐的吸附效果结果

序号	时间/min	剩余磷酸盐浓度 /$mg \cdot L^{-1}$	磷酸盐吸附率 /%	磷酸盐吸附量 /$mg \cdot g^{-1}$
1	0			
2	5			
3	10			
4	30			
5	60			
6	120			
7	240			

（2）编写实验报告。

七、注意事项

（1）严格控制预热温度、预热时间、烧结温度和烧结时间，这些参数直接影响陶粒的物理强度和化学稳定性；

（2）精确称取磷酸二氢钾的质量，保证磷标准贮备液浓度的精确性。

八、思考题

(1) 磷尾矿的主要成分是什么？制备陶粒的过程中如何转化？

(2) 磷尾矿制备的陶粒吸附含磷废水的基本原理是什么？

实验 26　磷尾矿制备土壤调理剂

一、实验背景

中国磷矿储量位居世界第二，但中国磷矿总体呈现贫矿多、富矿少、难选矿多、易选矿少的特点，中低品位磷矿占比达到 90% 以上，大量的中低品位磷矿需要经过选矿处理后才能用于化工生产。磷尾矿是磷矿开采和选矿过程中产生的固体废物，属于低品位磷矿。近年来，中国对磷矿的开发力度持续加剧，磷矿石开采量常年稳居世界第一，每年约产生 1000 万吨的磷尾矿。磷矿经过分选处理后，大量剩余的磷尾矿积聚在尾矿库中，这不仅占用了大量的土地资源，还导致了矿产资源的浪费，同时对环境造成了严重污染。磷尾矿的处理问题已经成为中国磷化工行业长期发展和国家经济可持续健康发展的重要制约因素，与绿色发展战略的要求相悖。

现阶段，磷尾矿综合利用途径包括二次选矿提取其中有用矿物、磷尾矿土地复垦、加工矿物肥料、填充采空区、用作建筑材料和提取有价元素（见图 4-11）。磷尾矿中除了含有磷元素外还含有钙、镁、铁、铝、锰等有价元素，属于富钙镁、低磷的二次资源，是制备土壤调理剂的良好原料。通过制备土壤调理剂，可以将这些有用资源加以利用，实现废物的“变废为宝”，提升资源利用率，减少对天然矿物资源的开采需求。磷尾矿制备土壤调理剂，不仅为农业生产提供了廉价高效的土壤改良材料，还减少了化学肥料的使用量，推动绿色农业的发展。因此，磷尾矿制备土壤调理剂的技术不仅是矿业固废处理的突破口，更是实现资源化利用和农业生态可持续发展的重要途径。

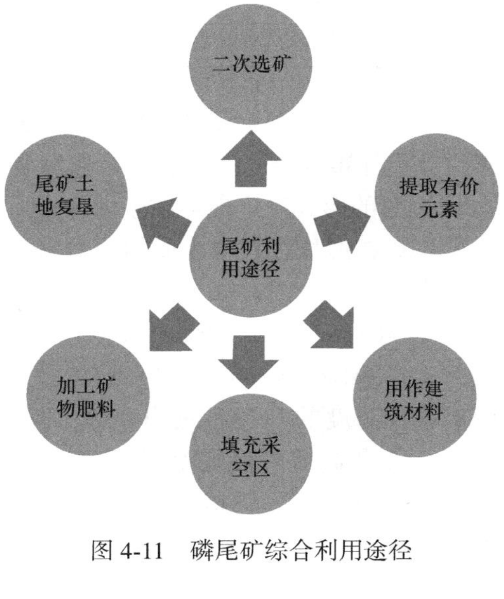

图 4-11　磷尾矿综合利用途径

二、实验目的

（1）了解磷尾矿的组成、产生原因。

（2）掌握磷尾矿制备土壤调理剂原料的原理及适用范围。

（3）了解焙烧产品活性测试原理及方法。

三、实验原理

磷尾矿的主要成分是白云石（$CaMg(CO_3)_2$），为碳酸镁与碳酸钙的复盐，其煅烧反应发生的反应方程式如下：

$$n[Ca\cdot Mg(CO_3)_2] \rightleftharpoons (n-1)MgO+MgCO_3\cdot nCaCO_3+(n-1)CO_2\uparrow$$

$$MgCO_3\cdot nCaCO_3 \rightleftharpoons MgO+nCaO+(n+1)CO_2\uparrow$$

白云石的热分解过程主要受温度和分压的影响。在这个过程中，白云石煅烧温度与煅烧产物的关系见表 4-14。

表 4-14　煅烧温度与煅烧产物的关系

煅烧温度/℃	主要产物	煅烧产物变化规律
室温	$CaMg(CO_3)_2$	—
790	$CaMg(CO_3)_2$	$CaMg(CO_3)_2>CaCO_3>MgO$
	$CaCO_3$	
	MgO	
830	$CaCO_3$、MgO	$CaCO_3>MgO>CaMg(CO_3)_2$
	CaO、$CaMg(CO_3)_2$	
870	$CaCO_3$、MgO	$CaCO_3>MgO>CaMg(CO_3)_2>CaO$
	CaO、$CaMg(CO_3)_2$	
950	CaO、MgO	$CaO>MgO>CaCO_3$
	$CaCO_3$	

磷尾矿除白云石外，还含有少量的氟磷灰石和石英。氟磷灰石是最稳定的天然磷矿物之一，相对于其他磷矿物来说，更加难以分解。氟磷灰石在发生还原反应时，即使温度达到 1540 ℃，也仍然以 $Ca_5(PO_4)_3F$ 的形式稳定地存在于熔体中。石英是一种坚硬且难溶的固体，其主要成分为 SiO_2。磷尾矿在煅烧过程中生成的 CaO 和 MgO 可能与 SiO_2 反应生成其他化合物，发生的主要方程式如下：

$$2CaO+SiO_2 = 2CaO\cdot SiO_2$$

$$2MgO+SiO_2 = 2MgO\cdot SiO_2$$

磷尾矿中的碳酸盐会随着煅烧温度的升高而充分分解，但其中的 MgO 含量却出现不升反降的现象。磷尾矿中 SiO_2 含量越高或者煅烧温度越高时，煅烧分解后的 MgO 和 CaO 可能更容易与 SiO_2 反应生成新的不溶物质。磷尾矿焙烧得到的 CaO 和 MgO 可以作为简单的土壤调理剂，用来治理酸性土壤。

四、仪器及试剂

主要仪器与设备：秒表、烧杯、容量瓶、坩埚、坩埚钳、马弗炉、真空干燥箱、电子天平、集热式恒温加热磁力搅拌器、打粉机。

主要药剂：柠檬酸、酚酞指示剂。

五、实验步骤

1. 样品制备

试验所用样品是湖北某磷化工企业磷尾矿，样品为灰黑色。样品自然晾干后，用打粉机进行粉碎，然后筛分，取 150 μm 以下样品进行后续实验。

2. 磷尾矿焙烧试验

将磷尾矿样品在 120 ℃下烘干处理后取 50 g 放入坩埚中。随后，把装有磷尾矿的坩埚放置于马弗炉中分别加热至 850 ℃、900 ℃、950 ℃和 1000 ℃，保持该温度一段时间后（时间分别为 60 min 和 90 min）从马弗炉中取出坩埚，冷却后对其称重。通过焙烧前后的质量差计算出此过程中发生的质量损失率，焙烧产品的活性通过柠檬酸法测定。质量损失率的计算公式如下：

$$W = (m - m')/m_0$$

式中　m——焙烧前样品和坩埚的质量，g；

m'——焙烧后样品和坩埚的质量，g；

m_0——样品的质量，g。

3. 焙烧产品活性的测定

取 100 mL 浓度为 0. 133 mol/L 的柠檬酸溶液倒入烧杯中，加入酚酞指示剂并在集热式恒温加热磁力搅拌器上匀速搅拌，确保温度维持在 30 ℃，随后在溶液中加入 2 g 焙烧产品并开始计时，观察到溶液变为粉红色时即刻停止计时，记录变色的时间。测 3 组，通过计算 3 组的变色时间平均值的倒数，得到焙烧产品活性，用 s^{-1} 表示。

试验过程示意如图 4-12 所示。

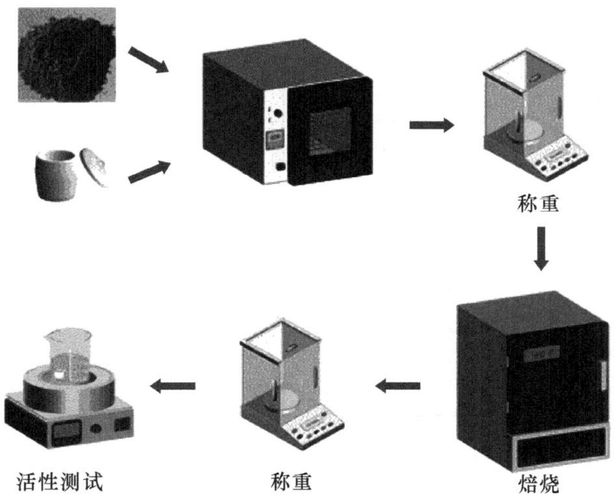

图 4-12　试验过程示意

六、数据记录与结果处理

(1) 记录坩埚及焙烧后样品和坩埚的质量，计算焙烧过程的质量损失率，填在表 4-15

中，对重量进行精确称量至小数点后 3 位；

（2）记录 3 次测试的变色时间，并记录焙烧产品活性，填在表 4-16 中；

表 4-15　焙烧过程质量损失

序号	焙烧条件	样品质量 m_0/g	样品+坩埚质量 m/g	焙烧后质量 m'/g	质量损失率/%
1	850 ℃，60 min				
2	850 ℃，90 min				
3	900 ℃，60 min				
4	900 ℃，90 min				
5	950 ℃，60 min				
6	950 ℃，90 min				
7	1000 ℃，60 min				
8	1000 ℃，90 min				

表 4-16　焙烧产品活性测定

序号	焙烧条件	变色时间/s	平均变色时间/s	焙烧活性/s^{-1}
1	850 ℃，60 min			
2	850 ℃，90 min			
3	900 ℃，60 min			
4	900 ℃，90 min			
5	950 ℃，60 min			
6	950 ℃，90 min			
7	1000 ℃，60 min			

续表 4-16

序号	焙烧条件	变色时间/s	平均变色时间/s	焙烧活性/s^{-1}
8	1000 ℃，90 min			

（3）绘制不同焙烧时间下焙烧温度与质量损失率及焙烧产品活性的关系曲线；
（4）编写实验报告。

七、注意事项

（1）取出焙烧样品时佩戴耐高温手套，防止烫伤；
（2）焙烧样品和坩埚要预先在 120 ℃烘箱中烘干至恒重；
（3）废液集中处理，不能直接倒入下水道。

八、思考题

（1）磷尾矿规模化应用的方法和途径？
（2）磷尾矿制备土壤调理剂对磷尾矿原料的性质有什么要求？

实验 27　磷尾矿制备氢氧化镁阻燃剂

一、实验背景

中国磷矿资源丰而不富，以中低品位磷矿资源为主，同时具有细和杂的特点。由于受磷矿选矿技术的限制，磷矿浮选产出大量浮选后的磷尾矿，如将 $w(P_2O_5)$22 %的中低品位磷矿提升到 30%，200 万 t/a 磷矿的浮选生产装置每年副产浮选尾矿约为 70 万 t。如果能对磷矿浮选尾矿进行综合利用，不仅可以减少资源浪费，还能避免尾矿堆积、占用土地及对生态环境的污染。因此，合理有效地处理磷尾矿已成为当前重要的研究课题。磷矿反浮选脱镁产生的尾矿特征指标一般为：磷（P_2O_5 5%~10%），镁（MgO 10%~18%，平均含量大于 15%），是一种值得再利用的富镁资源。综合利用镁的有效途径是获取氢氧化镁。纳米氢氧化镁因其绿色、高效等优势在塑料、橡胶等高分子材料的阻燃方面有广泛的应用前景。基于上述背景，本实验设计了高镁磷尾矿制备氢氧化镁阻燃剂综合实验，采用了煅烧、消化、碳化、固液分离等工艺提取高镁磷尾矿中的镁，得到重镁液，再经过化学合成，得到氢氧化镁产品。

二、实验目的

（1）了解磷尾矿的组成、产生原因。
（2）掌握磷尾矿制备氢氧化镁阻燃剂的原理及适用范围。
（3）了解相关测试原理及方法。

三、实验原理及流程

通过煅烧消化提高磷尾矿中镁元素的活性，将磷尾矿中白云石 $CaMg(CO_3)_2$ 转化为氢氧化钙和氢氧化镁，再通过碳化将氢氧化钙转化为碳酸钙沉淀，氢氧化镁转化为碳酸氢镁进入溶液中（重镁水），固液分离时实现钙镁分离。重镁水除杂后与氢氧化钠反应，生成氢氧化镁沉淀。采用离心、干燥、研磨，得到氢氧化镁产品。工艺流程如图 4-13 所示，反应方程式如下：

煅烧阶段：

$$CaMg(CO_3)_2 \longrightarrow MgO+CaCO_3+CO_2\uparrow$$
$$CaCO_3 \longrightarrow CaO+CO_2\uparrow$$

消化阶段：

$$MgO+H_2O \longrightarrow Mg(OH)_2$$
$$CaO+H_2O \longrightarrow Ca(OH)_2$$

碳化阶段：

$$Ca(OH)_2+CO_2 \longrightarrow CaCO_3+H_2O$$
$$Mg(OH)_2+2CO_2 \longrightarrow Mg(HCO_3)_2$$

除杂阶段：

$$Ca^{2+}+SO_4^{2-} \longrightarrow CaSO_4\downarrow$$

沉淀阶段：

$$Mg^{2+}+2OH^- \longrightarrow Mg(OH)_2\downarrow$$

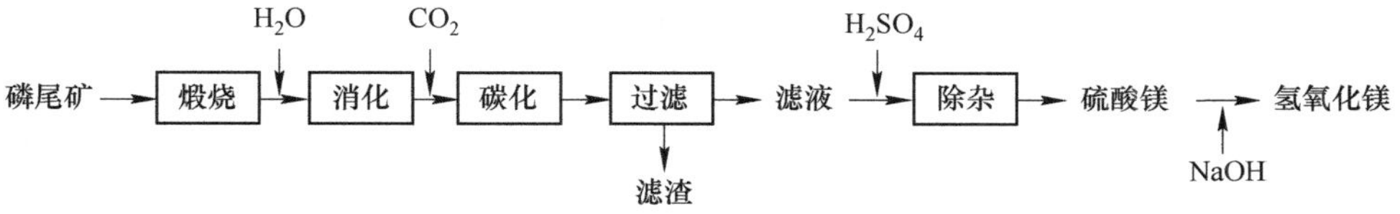

图 4-13　高镁磷尾矿制备氢氧化镁工艺流程

四、仪器及试剂

主要仪器与设备：马弗炉、水浴恒温磁力搅拌器、数显 pH 计、精密电动搅拌器、离心机、玻璃转子流量计、电子天平、温度计、三口圆底烧瓶、循环水式多用真空泵、显微镜。

主要药剂：柠檬酸、酚酞指示剂、CO_2 气体、硫酸、氢氧化钠、硬脂酸钠。

五、实验步骤

高镁磷尾矿制备氢氧化镁阻燃剂综合实验主要探索煅烧、消化、碳化和合成条件几个工艺环节对产品质量的影响。每个工艺环节都有不同的影响因素，具体每个环节的影响因素如图 4-14 所示。煅烧环节探索的影响因素为煅烧温度、煅烧时间；消化环节探索的影响因素为消化时间、消化温度、固液比、搅拌速度；碳化环节为液固比、二氧化碳气体流速、碳化温度、碳化时间；合成环节为加料顺序、反应物浓度、反应温度、搅拌速度、反应时间、表面活性剂种类及用量。为了简化试验探索过程，每个工艺只探索两个影响因素。

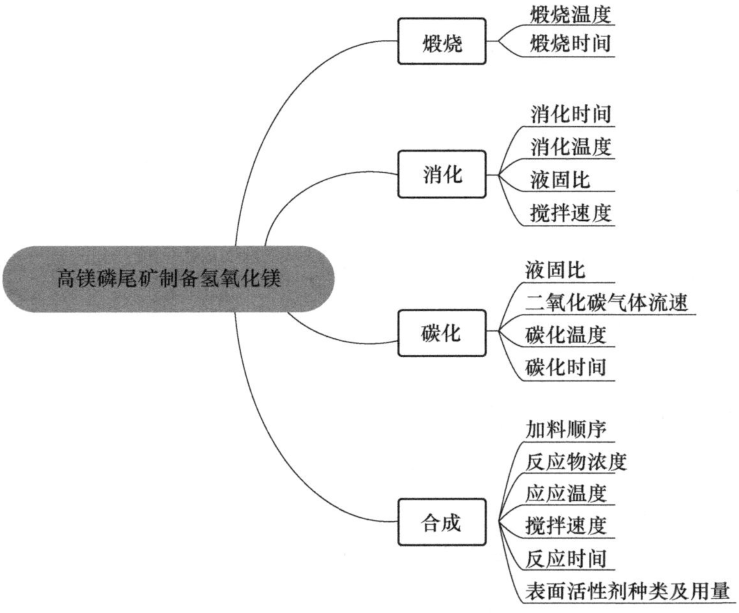

图 4-14　实验各工艺环节所需探索因素

1. 样品制备

试验所用样品来自湖北某磷化工企业磷尾矿，样品为灰黑色。样品自然晾干后，用打粉机进行粉碎，然后筛分，取 150 μm 以下样品进行后续实验。

2. 磷尾矿煅烧试验

将磷尾矿样品在 120 ℃下烘干处理后取 50 g 放入坩埚中。随后，把装有磷尾矿的坩埚放置于马弗炉中分别加热至 850 ℃、900 ℃、950 ℃、1000 ℃，保持该温度一段时间后（时间分别为 60 min、90 min）从马弗炉中取出坩埚，冷却后对其称重。煅烧产品的活性通过柠檬酸法测定，具体为：取 100 mL 浓度为 0.133 mol/L 的柠檬酸溶液倒入烧杯中，加入酚酞指示剂并在集热式恒温加热磁力搅拌器上匀速搅拌，确保温度维持在 30 ℃，随后在溶液中加入 2 g 煅粉并开始计时，观察到溶液变为粉红色时即刻停止计时，记录变色的时间。测 3 组，通过计算 3 组的变色时间平均值的倒数，得到煅粉的煅烧活性指标。

3. 煅烧产品消化

称取 10 g 煅粉和 200 g 蒸馏水置于烧杯中，在集热式恒温加热磁力搅拌器中分别加热至 40 ℃、60 ℃、80 ℃，搅拌一段时间（20 min、40 min）后将其取出自然陈化 30 min，考察消化时间和消化温度对煅粉消化活性的影响。待消化结束后，迅速加入已滴入 6 滴酚酞指示剂的柠檬酸溶液（150 mL，1 mol/L），并开始计时，观察到溶液变为粉红色时即停止计时，并记录变色的时间。测 3 组，通过计算 3 组的变色时间平均值的倒数，得到煅粉的消化活性指标。

4. 碳化试验

将消化料浆放入碳化装置中在 25 ℃、液固比 20∶1 的条件下通入 CO_2 进行碳化，考察其对 Mg^{2+}、Ca^{2+} 转化率的影响。待碳化反应结束后，对其固液分离，得到碳酸氢镁溶液和碳化渣，碳酸氢镁溶液加入稀硫酸至 pH=6 将其转化为硫酸镁溶液，用于制备氢氧化镁产品。通过电感耦合等离子体原子发射光谱仪（ICP5000）检测碳化滤液中 Mg^{2+}、Ca^{2+} 的浓度，并根据以上数据计算出碳化流程中 Mg^{2+}、Ca^{2+} 转化率。Ca^{2+}、Mg^{2+} 转化率的计算公式如下：

$$\lambda_{钙} = (m'_1/m_1) \times 100\%$$

$$\lambda_{镁} = (m'_2/m_2) \times 100\%$$

式中 $\lambda_{钙}$——煅粉中 Ca^{2+} 转化率,%；

m_1——煅粉中的 Ca^{2+} 含量，g；

m'_1——转化液中的 Ca^{2+} 含量，g；

$\lambda_{镁}$——煅粉中 Mg^{2+} 转化率,%；

m_2——煅粉中的 Mg^{2+} 含量，g；

m'_2——碳酸氢镁溶液中的 Mg^{2+} 含量，g。

5. 氢氧化镁制备试验

将 0.5 mol/L 的 NaOH 溶液与 $MgSO_4$ 溶液分别按照摩尔比 2∶1、2.5∶1、3∶1、3.5∶1 置于三口烧瓶中，加入 0.5 g 表面活性剂，在集热式恒温加热磁力搅拌器中常温下搅拌，并反应一段时间（20 min 和 40 min）后离心过滤得到氢氧化镁产品。考察反应物配比和反应时间对氢氧化镁转化率和产品特性的影响。完整试验过程如图 4-15 所示。

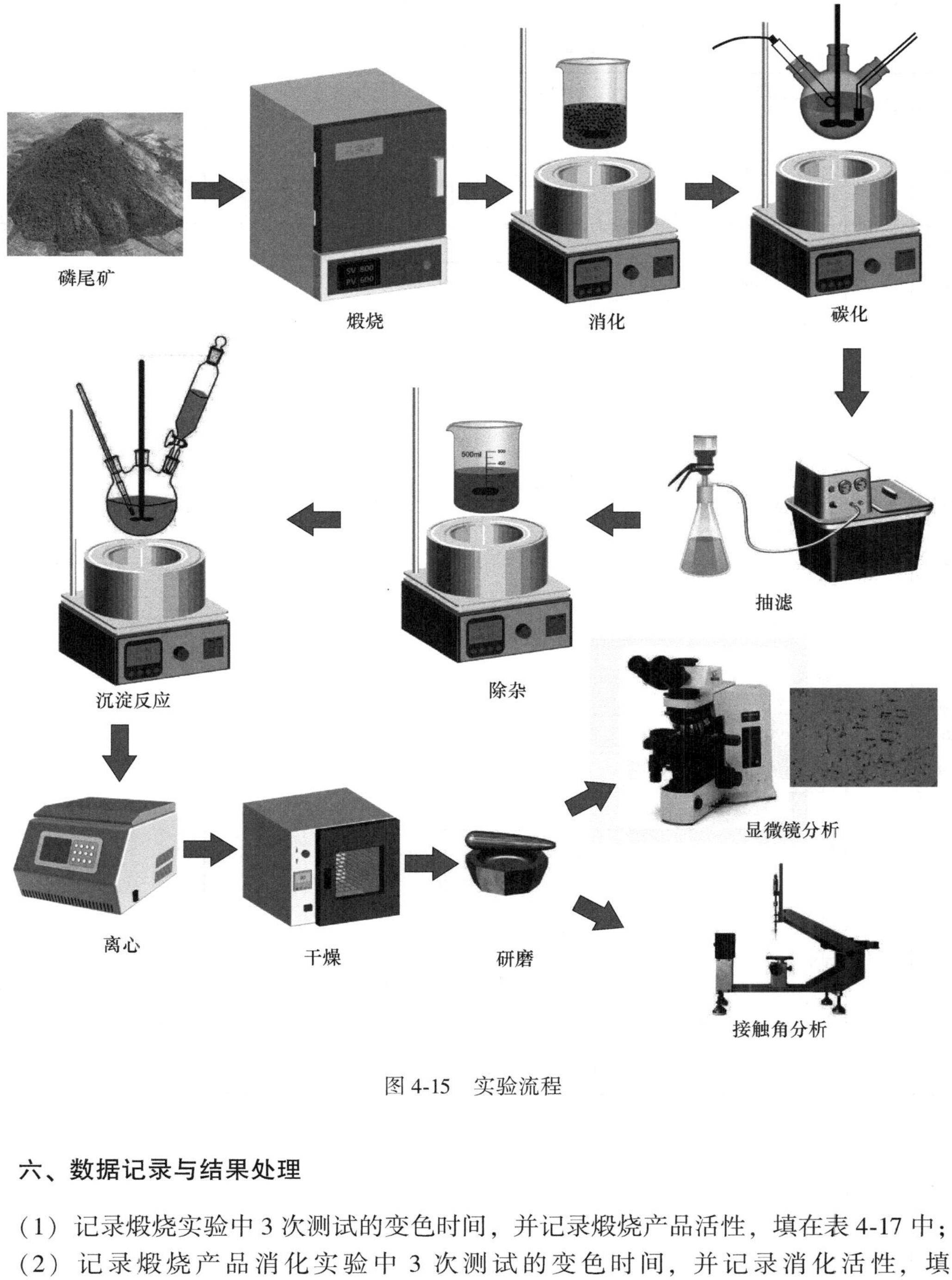

图 4-15　实验流程

六、数据记录与结果处理

(1) 记录煅烧实验中 3 次测试的变色时间，并记录煅烧产品活性，填在表 4-17 中；

(2) 记录煅烧产品消化实验中 3 次测试的变色时间，并记录消化活性，填在表 4-18 中；

(3) 记录碳化液中钙镁离子含量，并计算钙镁从固相至液相中的转移率，填在表 4-19 中；

（4）测试并记录氢氧化镁转化率、氢氧化镁粒径、氢氧化镁形貌、氢氧化镁接触角，填在表 4-20 中。

表 4-17　煅烧产物活性测定

序号	煅烧条件	变色时间/s	平均变色时间/s	煅烧活性/s^{-1}
1	850 ℃，60 min			
2	850 ℃，90 min			
3	900 ℃，60 min			
4	900 ℃，90 min			
5	950 ℃，60 min			
6	950 ℃，90 min			
7	1000 ℃，60 min			
8	1000 ℃，90 min			

表 4-18　消化产物活性测定

序号	消化条件	变色时间/s	平均变色时间/s	消化活性/s^{-1}
1	40 ℃，20 min			
2	60 ℃，20 min			

续表 4-18

序号	消化条件	变色时间/s	平均变色时间/s	消化活性/s^{-1}
3	80 ℃，20 min			
4	40 ℃，40 min			
5	60 ℃，40 min			
6	80 ℃，40 min			

表 4-19　碳化过程钙镁转移率的测定

序号	合成条件	碳化液中 Ca^{2+} 含量	Ca 转移率 /%	碳化液中 Mg^{2+} 含量	Mg 转移率 /%
1	CO_2 100 mL/min，20 min				
2	CO_2 150 mL/min，20 min				
3	CO_2 200 mL/min，20 min				
4	CO_2 250 mL/min，20 min				
5	CO_2 100 mL/min，40 min				
6	CO_2 150 mL/min，40 min				
7	CO_2 200 mL/min，40 min				
8	CO_2 250 mL/min，40 min				

表 4-20　氢氧化镁转化率及性质的测定

序号	合成条件	氢氧化镁转化率 /%	氢氧化镁粒径 /μm	氢氧化镁形貌	氢氧化镁接触角/(°)
1	反应物配比 2∶1，20 min				
2	反应物配比 2.5∶1，20 min				
3	反应物配比 3∶1，20 min				
4	反应物配比 3.5∶1，20 min				
5	反应物配比 2∶1，40 min				
6	反应物配比 2.5∶1，40 min				
7	反应物配比 3∶1，40 min				
8	反应物配比 3.5∶1，40 min				

（5）绘制不同煅烧时间下煅烧温度与煅烧产品活性的关系曲线；
（6）绘制不同消化时间下消化温度与消化活性的关系曲线；
（7）绘制不同碳化时间下 CO_2 流速与钙镁转移率的关系曲线；
（8）绘制不同反应时间下反应物配比与氢氧化镁转化率和氢氧化镁特性的关系曲线；
（9）编写实验报告。

七、注意事项

（1）取出煅烧样品时佩戴耐高温手套，防止烫伤；
（2）整理实验台，清扫残留试剂或废物，保持实验室整洁；
（3）配制溶液时严格遵循操作规范，稀释浓硫酸时需“酸入水”；
（4）废液集中处理，不能直接倒入下水道。

八、思考题

（1）磷尾矿高值化应用的方法和途径？
（2）作为阻燃剂的氢氧化镁需要具备哪些特性？

实验 28　市政污泥制备功能材料

一、实验背景

随着城市化进程的加快，污水处理量不断增加，市政污泥作为污水处理过程中的副产物，其产量也随之急剧增长。据统计，在我国，每处理 1 万吨城市污水，会产生 5～10 t（含水率 80%左右）的市政污泥。市政污泥中包含大量的有机物，如蛋白质、多糖等，其含量通常占污泥干重的 30%～60%。同时，还含有病原体，如大肠杆菌、沙门氏菌等细菌及病毒等微生物。此外，重金属也是污泥中的重要污染物，常见的有铜、锌、铅、镉、铬等，这些重金属在污泥中的含量因污水来源不同而有所差异。未经妥善处理，会对环境造成严重污染，如占用土地、导致土壤和水体污染、传播疾病等。同时，市政污泥中也含有一定量的硅、铝等成陶成分及氮、磷、钾等营养元素，具有一定的资源潜力。当前，我国在市政污泥的有效处理方面面临巨大压力，迫切需要寻找一种科学合理地处理处置方式，实现污泥的减量化、稳定化、无害化和资源化利用。在此背景下，利用市政污泥制备功能材料成为研究热点，其中制备陶粒并进行改性用于吸附处理含磷废水等应用，不仅能够有效解决污泥的处置问题，还能将其转化为具有环境价值和经济价值的产品，具有重要的现实意义。

二、实验目的

（1）掌握市政污泥制备陶粒的方法及原理。
（2）研究市政污泥制备陶粒对含磷废水的吸附机理。

三、实验原理

1. 陶粒制备原理

市政污泥中含有大量的有机成分，可能因为所处理的污水主要为生活污水和制药废水，导致其有机质含量高。污泥所含的无机组分主要为 SiO_2、Al_2O_3，含量分别为 31. 3%、10. 37%，成陶成分含量较低，而工业固体废弃物中粉煤灰和天然材料蒙脱石中的 SiO_2、Al_2O_3 含量较高，其中粉煤灰和蒙脱石的 SiO_2 含量分别为 55. 92%和 61. 23%，弥补了市政污泥中成陶成分的不足，保证焙烧后的陶粒具备一定强度。

将市政污泥与粉煤灰、蒙脱石按照 12∶5∶3 的比例混合，再高温焙烧成陶。在高温焙烧时，原料中的成分发生一系列物理化学变化，如有机物挥发、无机物熔融重组等。原料中的发气成分（如有机物、氧化铁等）在高温下产生气体，促进陶粒膨胀，增加孔隙结构；成陶成分 SiO_2、Al_2O_3 形成硅铝熔融体，影响陶粒强度；助熔成分（如碱金属氧化物）降低原料熔化温度，有助于陶粒膨胀。

2. 磷吸附原理

市政污泥所制备陶粒与磷尾矿所制备陶粒均对含磷废水中的磷酸盐有较好的吸附作用，其吸附机制类似，包括物理吸附和化学吸附两种机制。陶粒的高比表面积和多孔结构，可实现磷酸盐物理吸附。陶粒表面与磷酸盐之间可发生静电吸引、配体交换和化学沉淀，实现化学吸附。

四、实验原料、药剂与仪器

实验原料：市政污泥、蒙脱石、粉煤灰。

实验药剂：磷酸二氢钾、蒸馏水、钼酸铵、抗坏血酸。

实验仪器：电子天平、烧杯、容量瓶、造粒机、集热式恒温加热磁力搅拌器、200 目试验筛、高温箱式炉、紫外-可见分光光度计、回旋式水浴恒温振荡器。

五、实验步骤

1. 陶粒的制备

陶粒的制备工艺流程主要包括原料配比、造粒、干燥、预热、焙烧、冷却等流程，如图 4-16 所示。陶粒的具体制备工艺为：

（1）混匀：将经过预处理的原料按照市政污泥：粉煤灰：蒙脱石 = 12：5：3 混合，转移至研磨机中混合研磨 20 min。

（2）造粒：设置造粒机转速为 40 r/min 并调整圆锅角度为 60°。启动造粒机待转速恒定，将研磨后的物料慢慢加入到圆锅内待滚动状态趋于稳定后（大约 20 s），往物料上慢慢洒水，喷壶喷头需设置成花洒状，一次喷水持续约 1 s，每次喷水间隔 5 s，成型后取直径为 4~8 mm 的料球。

（3）干燥：将生料球置于烘箱中 105 ℃±5 ℃下干燥 2 h。

（4）预热：将干燥料球放入刚玉坩埚并移至马弗炉中，以 300 ℃预热 30 min。

（5）焙烧：在马弗炉预热后以 1050 ℃焙烧 60 min。

（6）冷却：焙烧结束后在马弗炉中自然冷却，得到市政污泥陶粒。

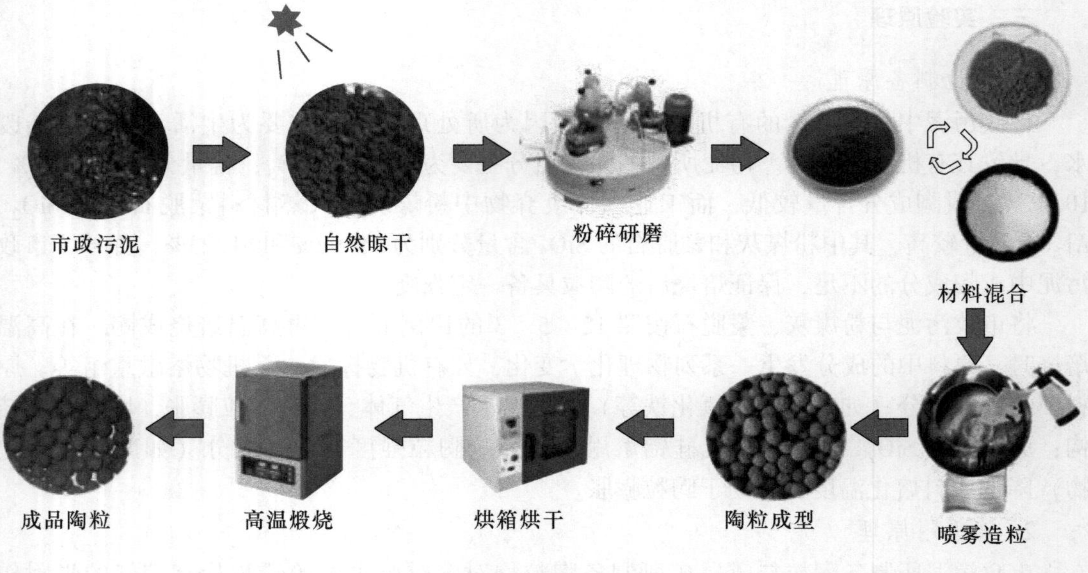

图 4-16　市政污泥制备陶粒流程

2. 含磷废水的吸附实验

（1）含磷废水总磷测试

实验水相中总磷含量参照《水质　总磷的测定　钼酸铵分光光度法》（GB 11893—1989）测定。

磷的吸附率和吸附量计算公式如式（4-13）和式（4-14）所示。

$$\eta = \frac{c_0 - c_e}{c_0} \times 100\% \tag{4-13}$$

式中　η——磷吸附率，%；

c_0——溶液中的初始磷浓度，mg/L；

c_e——吸附平衡时溶液中的磷浓度，mg/L。

$$q_e = \frac{c_0 - c_e}{m} \times 100\% \tag{4-14}$$

式中　q_e——磷吸附量，mg/g；

c_0——溶液中的初始磷浓度，mg/L；

c_e——吸附平衡时溶液中的磷浓度，mg/L；

m——陶粒投加量，g/L。

（2）磷吸附实验具体步骤

1）混合：称量含磷废水 50 mL 置于锥形瓶中，称取一定质量的多孔陶粒，按照投加量 40 g/L 投加多孔陶粒。

2）恒温振荡：将上述锥形瓶置于水浴恒温振荡器中，设置水浴温度为 25 ℃，振荡转速为 120 r/min，振荡时间为 4 h。

3）取样、过滤、测定：恒温振荡结束后取样，测试水相中剩余总磷含量。

六、数据记录与结果处理

（1）实验条件及测试结果记录于表 4-21。

表 4-21　陶粒对含磷废水中磷酸盐的吸附效果结果

序号	时间/min	剩余磷酸盐浓度/mg · L^{-1}	磷酸盐去除率/%	磷酸盐吸附量/mg · g^{-1}
1	0			
2	5			
3	10			
4	30			
5	60			
6	120			
7	240			

（2）编写实验报告。

七、注意事项

（1）在操作高温箱式炉时，必须严格遵守操作规程。避免在炉门开启状态下长时间停留，防止高温烫伤。

（2）在预热和焙烧过程中，切勿触摸炉体，以防灼伤。待炉内温度降至安全范围后，再进行取放样品等操作。

八、思考题

（1）市政污泥中含有哪些主要的毒害性无机物和有机物？

（2）在确定市政污泥、粉煤灰和蒙脱石的质量配比时，依据是什么？

（3）如果改变其中一种原料的比例，可能会对陶粒的哪些性能产生影响？

参考文献

[1] 水利部水利水电规划设计总院，南京水利科学研究院 . GB/T 50123—2019 土工试验方法标准 [S]. 北京：中国计划出版社，2019.

[2] 池汝安，王淀佐 . 稀土矿物加工 [M]. 北京：科学出版社，2014.

[3] 池汝安，石玉磬，余军霞，等 . 冶金污泥中铜锌镉铅的氨水和碳酸铵选择性浸出分离 [J]. 武汉工程大学学报，2014，36（2）：1-5.

[4] 池汝安，张臻悦，余军霞，等 . 风化壳淋积型稀土矿研究进展 [J]. 中国矿业大学学报，2022，51（6）：1178-1192.

[5] 陈冠海，宋书巧，曾海琪 . 市政污泥陶粒制备研究 [J]. 南宁师范大学学报（自然科学版），2023，40（4）：100-107.

[6] 陈庆，周永章，安燕飞 . 尾矿资源化利用研究综述 [J]. 地质论评，2015，61：979-980.

[7] 曹铭芮，刘围，吴畏，等 . 厨余垃圾好氧堆肥技术研究进展 [J]. 生物加工过程，2024，22（4）：395-402，411.

[8] 陈芳，冯奕程，吴佳育，等 . 市政污泥陶粒制备及其资源化利用研究进展 [J]. 材料导报，2025，30（3）：1-18.

[9] 陈银娣，梁健萍，罗秀榕 . 飞灰重金属浸出毒性影响因素研究 [J]. 黑龙江环境通报，2024，37（9）：24-26.

[10] 丁新平，朱舒舒 . 基于 SOPC 电导率测量方法研究与实现 [J]. 自动化与仪器仪表，2024（2）：224-226，231.

[11] 董延涛，段绍甫 . 中国铜矿资源产业可持续发展研究 [J]. 石家庄经济学院学报，2016，39（4）：54-58.

[12] 冯丽娜 .“无废城市”背景下的固体废物处置及综合利用研究——以毕节市为例 [J]. 绿色科技，2024，26（16）：188-192.

[13] 冯健 . 风化壳淋积型稀土矿浸矿场地残留铵盐洗脱机理及过程强化 [D]. 武汉：武汉工程大学，2022.

[14] FENG J，YU J X，HUANG S H，et al. Effect of potassium chloride on leaching process of residual ammonium from weathered crust elution-deposited rare earth ore tailings [J]. Minerals Engineering，2021，163：106800.

[15] 高原，梁恒 . 一般工业固体废物治理模式探析 [J]. 清洗世界，2024，40（10）：74-76.

[16] GAO X，MA Y W，ZHOU F，et al. Promotion mechanism of ammonium formate on ammonium salt leaching process of weathered crust elution-deposited rare earth ores [J]. Minerals，2023，13（10）：1286.

[17] 中国环境监测总站 . GB/T 15555. 12—1995 固体废物 腐蚀性测定 玻璃电极法 [S]. 北京：中国标准出版社，1995.

[18] 中国建筑材料科学研究总院 . GB/T 30810—2014 水泥胶砂中可浸出重金属的测定方法 [S]. 北京：中国标准出版社，2014.

[19] 古路路，王全杰，段宝荣，等 . 应用凯氏定氮法测定制革污泥中的氮含量 [J]. 西部皮革，2010，32（19）：46-47.

[20] 葛竺艳，邓博纳，姚雨琦，等 . 赤泥磷酸浸出选择性脱硅 [J]. 有色金属（冶炼部分），2023（8）：37-42.

[21] GB/T 5085. 3—2007 危险废物鉴别标准 浸出毒性鉴别 [S]. 北京：中国标准出版社，2007.

[22] 韩大勇，李拥军，刘海霞，等 . 稻秸秆对羊粪好氧堆肥理化特性与氮素转化的影响 [J]. 农业环境科学学报，2024，43（8）：1896-1906.

[23] 何晓波．含铬、锰和铁渣的气—渣—金界面物理化学研究［D］．北京：北京科技大学，2023.

[24] HE Z Y，ZHANG Z Y，YU J X，et al. Column leaching process of rare earth and aluminum from weathered crust elution-deposited rare earth ore with ammonium salts［J］. Transactions of Nonferrous Metals Society of China，2016，26（11）：3024-3033.

[25] 郝娇，毛润，胡超杰，等．添加剂活化赤泥磁化焙烧-弱磁选回收铁［J］．矿冶工程，2023，43（2）：91-96.

[26] 环境保护部环境工程评估中心．环境影响评价技术方法［M］．北京：中国环境科学出版社，2010.

[27] 郝禅光，李春立，李权，等．污泥陶粒的功能化改性及含磷废水处理研究［J］．功能材料，2024，55（4）：4142-4151.

[28] 黄发兰．某典型氧化铜矿物浮选行为研究［J］．有色金属（选矿部分），2024（7）：48-54.

[29] 李宏毅．磷石膏在建筑材料领域的应用研究进展［J］．化工矿物与加工，2024，53（10）：46-52.

[30] 刘振忠，段荣丰，王明，等．外掺磷石膏改性植被混凝土护坡植生性能研究［J］．人民长江，2024，55（10）：239-245.

[31] LIU Y，YU J X，GUO L，et al. Insight into a novel circulation system combined with coordination leaching and biosorption for Cu（Ⅱ）efficient recycling from electroplating sludge［J］. Separation and Purification Technology，2024，334：125948.

[32] LI X J，YU J X，LI X D，et al. Synergistic leaching process for ion-exchange ammonium from weathered crust elution deposited rare earth tailings with potassium magnesium compound eluent［J］. Environmental Science and Pollution Research，2023，30（58）：121513-121528.

[33] LIU M X，YAO Z H，HU C J，et al. Activation behavior and mechanism of sodium sulfate for iron recovery from red mud through magnetization roasting-magnetic separation［J］. Journal of Management，2024，76（7）：3447-3456.

[34] LIU X，ZHOU F，CHI R A，et al. Preparation of modified montmorillonite and Its application to rare earth adsorption. Minerals，2019，9（12）：747.

[35] 李智力，何东升，唐远，等．高镁磷尾矿制备氢氧化镁综合实验设计与教学［J］．中国多媒体与网络教学学报（上旬刊），2023（2）：191-194.

[36] 刘明霞，胡超杰，姬志杰，等．赤泥磁化焙烧——磁选提铁试验研究［J］．烧结球团，2022，47（2）：74-80.

[37] 刘明霞，余洪，唐远，等．"固废无害化与资源化""理实一体化"教学改革探讨［J］．广东化工，2022，49（14）：212-214.

[38] 刘莉莎，李京，廖海明，等．半微量法测定氮含量能力验证及新评价方法的应用［J］．中国药学杂志，2023，58（11）：1026-1030.

[39] 刘楚凡，周芳，吴晓燕，等．风化壳淋积型稀土矿浸出渗流和传质过程研究现状及展望［J］．稀土，2021，42（1）：111-121.

[40] 李博文，姚雨琦，高少轩，等．赤泥磷酸浸出液中稀土的萃取行为研究［J］．化工矿物与加工，2023，52（8）：1-5，25.

[41] 李慧．城市污泥综合利用研究进展［J］．中国资源综合利用，2022，40（7）：104-106.

[42] 李春立，李权，梁欢，等．核壳结构污泥基陶粒对抗生素的吸附机理研究［J］．非金属矿，2024，47（1）：1-6.

[43] 李晨华，李丹妮，陈虹媛，等．热解对纺织印染污泥重金属迁移与浸出特性的影响［J］．新能源进展，2023，11（5）：433-436.

[44] 刘超，陈志强，胡红喜，等．国外某低品位难选硫化铜镍矿选矿工艺研究［J］．矿冶工程，2023，43（6）：70-73.

[45] 罗思梦. 垃圾焚烧飞灰中重金属固化效果研究 [D]. 南昌：华东交通大学，2022.
[46] 李小菊，余军霞，汪荣，等. 风化壳淋积型稀土尾矿中残留浸矿剂及主要共存离子分布规律研究 [J]. 矿冶工程，2023，43 (4)：103-109.
[47] 孟小燕. 补齐固体废物综合治理短板助力美丽中国建设 [J]. 环境保护，2024，52 (Z3)：49-52.
[48] 马倩，陈玉放，靳焘，等. 城市生活垃圾焚烧发电飞灰中重金属的固定化研究 [J]. 生态环境学报，2018，27 (9)：1716.
[49] 欧阳泽，黄书鑫，汪燚，等. 风化壳淋积型稀土矿中残留铵盐的洗脱及检测 [J]. 中国有色金属学报，2022，32 (10)：3147-3157.
[50] 彭星，姚赛，鲁玥，等. 功能材料在好氧堆肥中的应用研究进展 [J]. 中国沼气，2024，42 (5)：3-12.
[51] 庞博. 固化法处理含砷废渣的实验研究 [D]. 沈阳：沈阳化工大学，2022.
[52] 阮耀阳，邓博纳，刘明霞，等. 赤泥中有价组分梯级分离综合性实验 [J]. 实验技术与管理，2022，39 (8)：167-171，180.
[53] 阮耀阳，王传利，罗惠华，等. 棉油酸皂复合捕收剂浮选分离磷矿中石英和白云石 [J]. 化工矿物与加工，2022，51 (10)：9-14.
[54] 盛广宏，刘坤，许开华，等. 酸浸出法回收冶金污泥中的有价金属 [J]. 化工环保，2017，37 (4)：476-480
[55] 隋国舜，张春燕，崔文龙，等. 固体废物鉴别标准的正确运用及其意义 [J]. 中国标准导报，2012 (5)：39-41.
[56] 孙天威，滕阳，黄一麒，等. PVC 塑料与橡胶的催化热解反应产物分布规律研究 [J]. 应用化工，2024，53 (9)：2018-2023.
[57] 孙倩，申晓晓，何俊宝. 红外-热导联合法测定污泥中碳氢氮含量的研究 [J]. 环境卫生工程，2016，24 (2)：44-46.
[58] 沈家欢，王柳玲，许华丽. 土壤中铬、镍、砷、镉、铅的测定及浸出毒性研究 [J]. 化学工程与装备，2024 (8)：141-144.
[59] SHI X F，GENG C，LI Q M，et al. A novel application for magnetite tailings and municipal sludge in ceramsite preparation [J]. Environmental Progress & Sustainable Energy，2023，43 (1)：e14239
[60] 宋慧娟. 富重金属生物质焚烧处理特征及其产物资源化 [D]. 长沙：湖南农业大学，2023.
[61] 仝少伟，时连辉，刘登民，等. 不同有机堆肥对土壤性状及微生物生物量的影响 [J]. 植物营养与肥料学报，2014，20 (1)：110-117.
[62] 田毛毛，宋振国. 铁介质磨矿对硫化铜镍矿石典型矿物浮选行为的影响 [J]. 有色金属 (选矿部分)，2024 (12)：103-111.
[63] 田仪娟，晏超群，程治良，等. 柑桔皮与铬渣共热解毒六价铬 [J]. 无机盐工业，2021，53 (12)：129-134.
[64] 王涛. 厨余垃圾处理技术现状与发展趋势分析 [J]. 中国环保产业，2024 (8)：68-72.
[65] 王春雪，郭永杰，刘丽芬，等. 磷尾矿资源化利用研究综述及展望 [J]. 云南化工，2023，50 (4)：1-6.
[66] 王保明，王兴龙，杨英，等. 磷尾矿综合利用现状及研究进展 [J]. 无机盐工业，2024，56 (10)：1-11.
[67] 武景丽，陈天举，罗希韬，等. 典型城市固体废弃物热解动力学机理研究 [J]. 燃料化学学报，2014，42 (1)：43-47.
[68] 王亮，刘殿文，王涵，等. 铜冶炼炉渣浮选研究进展及发展趋势 [J]. 有色金属 (选矿部分)，2024 (9)：87-96.

[69] 王传龙，于传兵，康金星，等．某氧硫混合型铜矿浮选工艺研究［J］．有色金属（选矿部分），2021（3）：93-98，103.
[70] 王燕琳，贾冠华，杨凤玲．固硫灰-污泥陶粒的制备及其性能影响研究［J］．非金属矿，2022，45（3）：98-102，106.
[71] 王俭，李鑫，王芷馨，等．市政污泥陶粒的制备及其在水处理中应用的研究进展［J］．辽宁大学学报（自然科学版），2023，50（4）：340-347.
[72] 王小炜，赵积坤．煤中磷的测定方法（GB/T 216—2003）部分操作环节步骤的探讨［J］．化工管理，2018（10）：50-51.
[73] 徐长忠，於金浩，李义连．磷石膏的预处理和综合利用研究进展［J］．安全与环境工程，2024，31（1）：260-270.
[74] 谢娟，刘松林，陶绍程，等．高镁磷尾矿碳化法制备碱式碳酸镁研究［J］．无机盐工业，2021（12）：135-139.
[75] 邢丽静，梁欢，田承涛，等．白云石质磷尾矿制备多孔陶粒对含磷废水吸附特性研究［J］．水处理技术，2023，49（12）：101-107，131.
[76] YU H，LIU L，LIU M X，et al. Waster control by waste：Recovering iron from red mud with the effect of phosphogypsum-included additive［J］. Resources，Conservation & Recycling，2024，206：107641.
[77] ZHAO M X，LI X D，YU J X，et al. Highly efficient recovery of phosphate and fluoride from phosphogypsum leachate：Selective precipitation and adsorption［J］. Journal of Environmental Management，2024，367：122064.
[78] 张大磊，何圣兵，蔡荣宝，等．铬渣的热解无害化处理［J］．环境污染与防治，2009，31（10）：1-5.
[79] 张曙光．固体废弃物毒性浸出液重金属的检测［J］．资源与人居环境，2014（5）：65-67.
[80] 赵由才，牛冬杰，柴晓利．固体废物处理与资源化［M］．北京：化学工业出版社，2019.
[81] 曾安，刘星，张飞，等．刚果（金）某复杂混合铜尾矿浮选回收铜资源研究［J］．当代化工研究，2024（22）：141-143.
[82] ZE O Y，YU J X，LI X J，et al. Dynamic elution of residual ion-exchangeable ammonium from weathered crust elution-deposited rare earth tailings［J］. Colloids and Surfaces A：Physicochemical and Engineering Aspects，2023，679：132658.
[83] ZHOU F，HUANG S H，LIU X，et al. Adsorption kinetics and thermodynamics of rare earth on montmorillonite modified by sulfuric acid［J］. Colloids and Surfaces A：Physicochemical and Engineering Aspects，2021，627：127063.
[84] ZHOU F，ZHANG Y X，LIU Q，et al. Modified tailings of weathered crust elution-deposited rare earth ores as adsorbents for recovery of rare earth ions from solutions：kinetics and thermodynamics studies［J］. Minerals Engineering，2023，191：1-9.
[85] ZHOU F，FENG J，WANG Z Q，et al. One step purification of impurities in the leachate of weathered crust elution-deposited rare earth ores［J］. Physicochemical Problems of Mineral Processing，2017，53（2）：1188-1199.
[86] ZHOU F，LIU Q，FENG J，et al. Role of initial moisture content on the leaching process of weathered crust elution-deposited rare earth ores［J］. Separation and Purification Technology，2019，217：24-30.